Glück gehabt!

Olaf Fritsche hat an der Universität Osnabrück Biologie studiert und dort zu einem biophysikalischen Thema promoviert. Anschließend war er mehrere Jahre als Redakteur bei *Spektrum der Wissenschaft* tätig. Heute ist er freiberuflicher Wissenschaftsjournalist und Buchautor. Neben zahlreichen Sachbüchern hat er die Lehrbücher *Biologie für Einsteiger* und *Physik für Biologen und Mediziner* geschrieben, die ebenfalls bei Springer Spektrum erschienen sind.

Olaf Fritsche

Glück gehabt!

Zwölf Gründe, warum es uns überhaupt gibt

 Springer Spektrum

Olaf Fritsche
Mühlhausen
Deutschland
www.wissenschaftswissen.de

ISBN 978-3-642-41654-5 ISBN 978-3-642-41655-2 (eBook)
DOI 10.1007/978-3-642-41655-2

Die Deutsche Nationalbibliothek verzeichnet diese Publikation in der Deutschen Nationalbibliografie; detaillierte bibliografische Daten sind im Internet über http://dnb.d-nb.de abrufbar.

Springer Spektrum
© Springer-Verlag Berlin Heidelberg 2014

Planung und Lektorat: Frank Wigger, Imme Techentin
Redaktion: Bernhard Gerl
Cartoons: Salome Hunziker
Einbandabbildung: © fotolia.de

Gedruckt auf säurefreiem und chlorfrei gebleichtem Papier

Springer Spektrum ist eine Marke von Springer DE. Springer DE ist Teil der Fachverlagsgruppe Springer Science+Business Media
www.springer-spektrum.de

Einmal Universum mit Menschheit zum Hierleben, bitte!

Das Schicksal versteht nichts von Wahrscheinlichkeitsrechnung. Sonst hätte es gar nicht erst angefangen mit dem Universum, dem Leben und dem ganzen Rest. Denn die Windungen und Wendungen, die nötig waren, bis aus einem punktförmigen Ur-Universum nach Jahrmilliarden voller Risiken und Gefahren schließlich der Mensch hervorgegangen war und sich zurückblickend über all dies wundern konnte, sind so abstrus, dass sich selbst Drehbuchautoren von Actionfilmen nicht getraut hätten, eine solch unglaubwürdige Handlung zu erfinden. Die Wirklichkeit kannte dagegen keinerlei Skrupel. Und sie war noch viel dramatischer. Glück gehabt!

Sind Sie sicher, dass es Sie überhaupt gibt? Ganz ernsthaft gefragt! Gut, Sie lesen zwar gerade diesen Satz, wundern sich vielleicht, was der Unfug soll, und vermuten, dass ich Sie womöglich veralbern will. Das sollte doch wohl reichen als Beweis Ihrer Existenz! Aber denken Sie einmal kurz darüber nach, wie wahrscheinlich es ist, dass Sie sich im Hier und Jetzt befinden. Dass der Faden aus der Vergangenheit in die Gegenwart für Sie kein einziges Mal gerissen ist. Obwohl genau dies an so vielen Stellen hätte passieren können.

Dabei meine ich keineswegs die unzähligen Augenblicke, in denen der Tod Sie nur knapp verpasst hat – sei es im Straßenverkehr, beim Auswechseln einer Steckdose oder in Form eines lebensbedrohlichen Krankheitserregers. Mir kommt es vielmehr auf die bedeutsamen Wendungen in Ihrer Familiengeschichte an. Wie groß, glauben Sie beispielsweise, ist die Chance gewesen, dass Ihre Eltern sich kennengelernt haben und ein Paar geworden sind? Immerhin waren da noch dieser andere fesche Jüngling aus der Parallelklasse und die kesse Kleine aus der Tanzstunde. Das hätte leicht eine ganz andere Konstellation geben können – und schon wären Sie nicht Sie! Vielleicht stammt ein Teil Ihrer Familie auch gar nicht aus Ihrem Heimatort, sondern ist zugezogen. Wie leicht hätte es Ihre Großeltern in eine andere Stadt verschlagen können, sodass Ihre Eltern sich niemals zu Gesicht bekommen hätten. Auch dann wäre die Geschichte nicht gut für Sie ausgegangen. Und außerdem mussten Ihre Ahnen zuvor eine erkleckliche Anzahl von Kriegen überstehen, Hungerwinter und Dürren aushalten und durften keiner Seuche zum Opfer fallen. Immer am Rande Ihrer Auslöschung entlang. Denn ein einziger Patzer hätte gereicht, und Sie wären nun nicht unter uns. Sagen Sie selbst: Vor diesem Hintergrund ist es doch mathematisch gesehen so etwas von unwahrscheinlich, dass Sie es tatsächlich ohne den kleinsten Ausrutscher in die Realität geschafft haben. Eigentlich praktisch unmöglich. Aber trotzdem halten Sie daran fest, existent zu sein. Bloß ... kann ein einzelner Mensch wirklich so viel Glück haben?

Jede Menge Gelegenheiten zum Scheitern

Nun, um Sie zu beruhigen: Er kann! Genau wie Sie haben auch alle anderen Menschen, die heute auf der Erde leben, ihr Dasein einer langen Reihe glücklicher Umstände zu verdanken. Und nicht nur jeder Einzelne. Die gesamte Menschheit hat unglaubliches Glück gehabt, dass der verworrene Weg vom Urknall vor 13,8 Mrd. Jahren bis ins Jetzt ausgerechnet zum *Homo sapiens* geführt hat. Wären die Ereignisse nur ein einziges Mal anders verlaufen, gäbe es niemanden von uns. Stattdessen würden womöglich ätherische Energiewesen diesen Teil der Raumzeit bevölkern oder schuppige Intellektuellen-Dinos in den Seiten eines anderen Buches blättern.

Gelegenheiten zum Scheitern hatte die Menschwerdung jedenfalls zur Genüge. Gleich am Anfang hätte alles schon zu Ende sein können, wenn aus dem Urknall dieselbe Menge Materie wie Antimaterie hervorgegangen wäre. In einem eindrucksvollen Feuerwerk hätten die beiden Kontrahenten sich gegenseitig ausgelöscht, und nichts wäre übrig geblieben außer reiner Energie. Ohne Materie aber keine Sterne, keine Planeten, kein Leben und kein Mensch. Unsere Geschichte wäre vorbei gewesen, bevor sie begonnen hat.

Doch wir haben Glück gehabt. Und das nicht nur einmal, sondern immer wieder. In einem guten Dutzend Fällen musste das Schicksal die Weichen richtig für uns stellen. Mitunter reichte es aus, die passenden Voraussetzungen zu schaffen und dann den Dingen ihren Lauf zu lassen – etwa mit den Werten der Naturkonstanten, die wie geschaffen sind für ein reichhaltiges Universum mit allerlei physikalischen, chemischen und biologischen Kuriositäten. Einige Male durfte die Natur uns in kritischen Phasen nur nicht wieder alles kaputt machen – beispielsweise während des Großen Bombardements, als es Meteoriten vom Himmel regnete, während das Leben seine ersten chemischen Schritte wagte. Und dann war es wieder nötig, energisch zu unseren Gunsten einzugreifen und alles, was sich bis dahin etabliert hatte, auf den Kopf zu stellen – unter anderem, indem ein glücklicher Zufall die Dinosaurier kurzerhand ausrottete und Platz für putzige kleine Pelztiere machte, die eigentlich überhaupt nicht wie zukünftige Herrscher der Erde aussahen.

Genau diese entscheidenden Momente in der Entwicklung des Universums, des Lebens und des Menschen sind Thema dieses Buches. Kapitel für Kapitel sehen wir uns die kritischen Augenblicke an, dank derer der Weg aus dem Nichts des Anbeginns schließlich zu uns geführt hat. Wir erleben Explosionen und Meteoritenhagel, Giftgasattacken und Massensterben, ewige Winter und tödliche Dürre, aber auch zündende Sterne und neues Leben. Kein Roman, kein Märchen und kein Blockbuster aus Hollywood bietet so viel Dramatik, so viel unendliches Leid, so viel Hoffnung und vor allem so viele ungelöste Rätsel wie unsere eigene Geschichte. Wir erfahren, was die Wissenschaft über die Gründe weiß – oder noch nicht weiß –, aus denen die Entwicklung so und nicht anders verlaufen ist. Und wir lernen einige der klugen Köpfe kennen, die hinter den Theorien stehen. Dabei lesen wir so Manches über ihre genialen Geistesblitze, kolossalen Irrtümer und liebenswerten Schrulligkeiten. Beispielsweise von dem Physiker, der mithilfe selbst aufgestellter Gleichungen berechnen wollte, wie man am besten mit einer Frau flirtet. Von dem Geologen, den ein Crash berühmt machte und ein anderer Crash das Leben kostete. Und von dem Paläontologen, dem manche seiner besten Ideen kamen, wenn er sich infolge einer Chemotherapie übergeben musste.

13,8 Milliarden Jahre in 365 Tagen

Das alles ereignete sich innerhalb von 13,8 Mrd. Jahren – seit dem Urknall, mit dem alles anfing. Die Zahl ist so unheimlich groß, dass wir sie nur wirklich begreifen können, wenn wir sie mit alltäglichen Dingen aus unserer eigenen bescheideneren Erfahrungswelt vergleichen. Besonders beliebt sind in solchen Fällen kleine Gegenstände, die sich zu astronomischen Längen auftürmen. Legen wir beispielsweise 13,8 Mrd. 2-Euro-Münzen zu einer Kette hintereinander, wäre diese 355 350 km lang – und würde beinahe bis zum Mond reichen. Auch als Gewicht machen sich 13,8 Mrd. gut. In Form von Reiskörnern brächten sie 216 Tonnen auf die Waage – so viel wie 50 ausgewachsene Elefanten. Weil es sich bei unseren 13,8 Mrd. aber um eine Zeitspanne handelt, erhalten wir den besten Überblick, wenn wir bei der Zeit bleiben und sie einfach auf einen kürzeren Zeitraum umrechnen.

Beispielsweise ein Jahr. Wir quetschen die 13,8 Mrd. Jahre vom Urknall bis heute in 365 Tage und sehen, welches wichtige Ereignis an welchem Datum stattfinden würde (siehe Abb. 1).

Pünktlich am 1. Januar um Mitternacht entsteht dann das Universum in der gewaltigsten Explosion aller Zeiten. Selt-

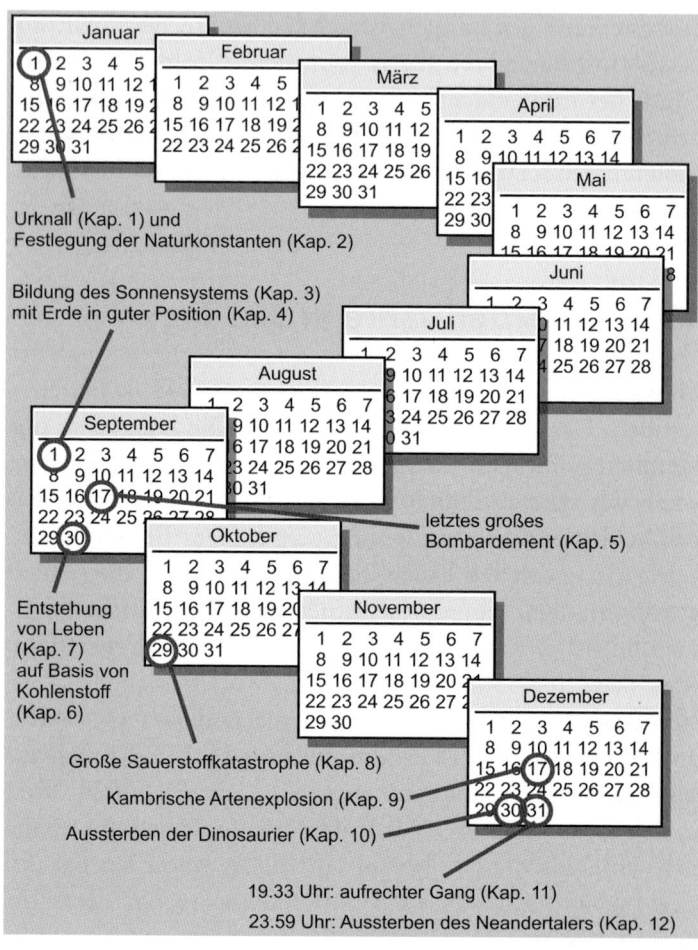

Abb. 1 Menschwerdung im Maßstab 13,8 Mrd. zu eins. Auf dem Weg vom Urknall zur einzigen Menschenform haben wir gleich zwölf Mal großes Glück gehabt, dass es uns überhaupt gibt. (© Olaf Fritsche)

samerweise bleibt dabei ein kleines bisschen mehr Materie als Antimaterie übrig, aus der in der Folge alles – wirklich alles – hervorgehen wird, was es im Kosmos gibt (Kap. 1). Die Naturkonstanten und die physikalischen Gesetze arrangieren sich zum Glück so, dass sie nichts einzuwenden haben gegen Sterne, Planeten und Leben. Das kommt vielen Wissenschaftlern verdächtig vor, denn eigentlich sollte ein strukturloses, langweiliges Universum viel wahrscheinlicher sein. Manche Kosmologen versuchen deshalb, das Dilemma mit Modellen zu lösen, die so abstrus erscheinen, als wären sie nicht von dieser Welt (Kap. 2).

In den folgenden Monaten probiert das Universum ausführlich mit Elementarteilchen, Atomen und Sternen herum. Die ersten Exemplare sind noch nicht sonderlich stabil und schleudern bei ihrem Tod große Mengen neuer chemischer Elemente in das Weltall. Zum Glück für uns, denn am 1. September ballt sich ein Teil davon zu einer Kugel zusammen, die unsere Sonne wird. Aus dem, was sie übrig lässt, formen sich die Planeten, darunter die Erde (Kap. 3). Im Gegensatz zu ihren Nachbarn hat sie einen besonders günstigen Platz gefunden, an dem es nicht zu heiß und nicht zu kalt ist (Kap. 4).

Aber ganz ohne Komplikationen läuft die Bildung eines Planetensystems nicht ab. Immer wieder gerät die Erde in einen großen Trümmerhaufen haushoher Krümel, die noch keinen Planeten gefunden haben. Am 17. September geht der letzte heftige Hagel nieder. Zum Glück fängt der Mond, der selbst bei einem ähnlichen Zusammenstoß entstanden ist, einen Teil der Brocken ab (Kap. 5). Erst nach dem Großen Bombardement ist es einigermaßen sicher auf der Erde, und unsere Entwicklung kann aus der astrophysikalischen in die chemische Phase übergehen.

Um den 30. September herum ist es dann soweit: In einem stillen Winkel der jungen Erde finden sich ein paar seltsame Moleküle zusammen und starten ein chemisches Experiment, das bis zum heutigen Tag läuft (Kap. 7). Zum Glück hat sich der neue Zustand, den die Materie dabei einnimmt und den wir „Leben" nennen, mit Kohlenstoff eine Grundlage ausgesucht, die so flexibel ist, dass sie vom Bakterium bis zum *Homo sapiens* alles mitmacht (Kap. 6).

Sonderlich klug geht das Leben aber schon in den ersten Tagen nicht vor. Einen knappen Monat später, am 29. Oktober, steht es kurz davor, sich selbst auszulöschen, weil eine neue Generation von Zellen einfach ihren Abfall in die Gegend pustet. Zum Glück finden andere Zellen rechtzeitig einen Weg, wie sie den giftigen Sauerstoff nicht nur tolerieren, sondern ihn sogar für die eigene Energieproduktion nutzen können (Kap. 8).

Danach geschieht eine ganze Weile lang erstaunlich wenig. Vermutlich sind die ständigen Eiszeiten daran schuld, dass es bis zum 17. Dezember dauert, bis das Leben in der Kambrischen Artenexplosion seiner Fantasie freien Lauf lassen kann (Kap. 9). Es ist der Startschuss für eine Artenvielfalt, die schließlich sogar das Land und die Luft erobert.

Die Situation spitzt sich schließlich kurz vor Jahresende dramatisch zu. Über mehrere Millionen Jahre hinweg haben die Dinosaurier alle lukrativen Posten auf der Erde fest in ihrer Hand. Bis sie am 30. Dezember um 6:44 Uhr von einer globalen Katastrophe hinweggefegt werden und Platz machen für die aufstrebenden Säugetiere (Kap. 10).

Für die nächsten Stunden sieht es nicht so aus, als würde sich eine spezielle Gruppe von Säugern besonders hervortun. Jede Art kuschelt sich in ihrer persönlichen Nische ein und ist zufrieden, wenn sie nicht dem ständig wechselnden Klima zum Opfer fällt. Doch insgeheim bahnt sich eine entscheidende Wendung an, die am 31. Dezember um 19:33 Uhr sichtbar wird. Die Frage, ob es zukunftssicherer ist, weiterhin auf allen Vieren durch die Bäume zu hangeln oder auf zwei Beinen über die freien Ebenen zu laufen, spaltet die Vorfahren der Menschenaffen und des Menschen voneinander (Kap. 11). Damit sind die Würfel endgültig gefallen. Nach einigem Hin und Her von verschiedenen Menschenarten stirbt um 23:58 Uhr und 51,6 s, nur ganz knapp vor Mitternacht, der Neandertaler aus. Ohne seinen letzten Konkurrenten ist der *Homo sapiens* zum ersten Mal der alleinige Herrscher auf Erden (Kap. 12). Glück gehabt!

Aber reicht Glück alleine aus, um diesen Platz mehr als ein paar Jahrtausende zu halten?

Inhalt

1
Die Welt fängt schon unfair an

Der Mensch war lange noch nicht in Sicht, da stand seine Existenz schon auf Messers Schneide. Als das Universum, die Zeit, der Raum und der ganze Rest vor rund 13,8 Milliarden Jahren entstanden sind, hätte eigentlich sofort wieder Schluss sein müssen mit dem Kosmos. Doch aus irgendeinem unerfindlichen Grund ging aus dem Anbeginn der Welt damals ein gutes Maß mehr Materie als Antimaterie hervor. Ohne diese Bevorzugung hätte es keine Atome gegeben, keine Sterne, keine Planeten und natürlich keine Menschheit. Glück gehabt!

Ausgerechnet Albert Einstein wollte den Anfang des Universums nicht wahrhaben. Doch als der Physiker mit den wilden Haaren und den nicht minder wilden Ideen seine Gleichungen im Jahr 1917 auf das gesamte Weltall anwandte, war es um den Kosmos geschehen. Den Formeln der Allgemeinen Relativitätstheorie zufolge war der Weltraum schlichtweg zu schwer, um auf Dauer zu existieren. All die Planeten, Sterne und Galaxien hätten schon längst unter der Wirkung ihrer Schwerkraft auf einen gemeinsamen Punkt zusteuern und in einem gigantischen Crash zusammenstoßen müssen. Die Welt, so wie Einstein sie kannte, hätte es gar nicht geben dürfen. Theoretisch.

In der Praxis war sich Einstein durchaus bewusst, dass der Kosmos – mitsamt ihm selbst – entgegen seinen eigenen Berechnungen durchaus existierte. Wie die meisten seiner Zeitgenossen war er sogar überzeugt, dass das Universum schon immer so war und auf Dauer auch bleiben würde. Der Kosmos war nach damaliger Ansicht ewig und statisch. Ein Weltall mit Ende – und daher zwangsläufig auch mit einem Anfang – war dem revolutionären Querdenker, der keine Schwierigkeiten damit hatte, in seinen Theorien Raum und Zeit zu verbiegen, schlichtweg zu abstrus. Um seine Rechnung mit der offensichtlichen Realität und der eher intuitiven Ewigkeitsvermutung in Einklang zu bringen, griff Einstein deshalb auf einen kleinen Trick zurück: Er postulierte eine „kosmologische Konstante", die als abstoßende Kraft das Gegengewicht zur Gravitation darstellte und gerade so groß war, dass im Universum alles im schönen, dauerhaften Gleichgewicht blieb. Schon passte die Formel wieder. Einstein war zufrieden und die Ewigkeit gerettet. Vorerst.

Aber schnell stellte sich heraus, dass die kosmologische Konstante von Beginn an eine lahme Ente war. Edwin Hubble und andere Astronomen entdeckten Mitte der 1920er Jahre, dass sich die Galaxien im Universum voneinander entfernten und der Raum selbst sich daher ausdehnen musste. Der Kosmos konnte folglich nicht statisch sein. Und er war auch nicht ewig, wie der belgische Priester und Astrophysiker Georges Lemaître 1927 nachwies, indem er gedanklich die Expansion rückwärts ablaufen ließ. Ging man dabei ausreichend weit zurück in die Vergangenheit, dann musste alles – das gesamte Weltall mitsamt dem Raum und allem darin – einst in einem gemeinsamen Punkt vereint gewesen sein. Aus diesem „Uratom", wie Lemaître es nannte, war dann das Universum hervorgegangen.

Die Vorstellung von einem Universum, das gewissermaßen aus dem Ei schlüpft, hatte es anfangs im Kreise seriöser Wissenschaftler nicht leicht. Einen Urknall oder Big Bang mochte sich kaum jemand ernsthaft vorstellen. Dann schon lieber einen ewig wachsenden Kosmos, in dem zwar immer mehr Materie entsteht, der aber niemals wirklich klein war. Diese Idee hatte als Steady-State-Theorie weitaus mehr Anhänger als das Urknallmodell. Doch das Bild änderte sich, als die Radioastronomen Arno Penzias und Robert Wilson 1965 das Echo des Urknalls auffingen. Die Mikrowellenstrahlung, die aus allen Richtungen auf die Erde fällt, war beim besten Willen nicht mit einem Steady-State-Modell zu erklären. Beim Big Bang entstand sie hingegen zwangsläufig als langgezogener Rest der Strahlungsenergie, die zu Beginn des Urknalls entstanden war. Kopfschüttelnd strich Einstein die kosmologische Konstante wieder aus seiner Gleichung und bezeichnete den Kunstgriff als die „größte Eselei seines Lebens". Das ewige Universum war tot – es lebte der Urknall.

Die neue Frage aller Fragen war aber: Wie konnte aus dem Nichts das Alles entstanden sein?

Am Anfang war … etwas Unbeschreibliches

Um den Beginn der Welt, den Anfang von Allem, die Entstehung des Universums zu beschreiben, wäre es eigentlich sinnvoll, ganz vorne zu beginnen. Und als Autor dieses Buches hätte ich Ihnen gerne erzählt, wie aus einem Nichts, das so absolut war, dass es nicht einmal leeren Raum oder einen kosmischen Richtungsgeber wie die Zeit gab, urplötzlich der Kern für das zukünftige Weltall erschien. Welche Kräfte diesen Keim ins Leben riefen. Warum er ausgerechnet so und nicht anders ins Dasein trat. Das Problem ist nur: Wir wissen so gut wie nichts über den allerersten Moment des Universums. Nicht nur fehlen mir die Worte, vor allem fehlen der Wissenschaft bewährte oder auch nur überprüfbare Ideen, wie alles angefangen haben könnte. Wenn es um den frühesten Augenblick des Universums geht, tappen wir gegenwärtig sprichwörtlich im Dunkeln.

Denn Licht aus dieser Zeit können wir selbst mit den größten Teleskopen nicht auffangen. Es sollte noch Hunderttausende Jahre dauern, bis die ersten Lichtstrahlen das Weltall durchzogen. Darum bleiben uns nur Theorien und Berechnungen um herauszufinden, was damals geschah. In der Regel ist die Allgemeine Relativitätstheorie zuständig für Aufgaben mit kosmischen Ausmaßen. Sie beherrscht das Spiel mit großen Massen, die Planeten und Sterne auf ihre Bahnen zwingen, Galaxienhaufen und Superstrukturen zusammenhalten und Schwarze Löcher formen, in denen alle unglückliche Materie verschwindet, die ihnen unvorsichtigerweise zu nahe kommt. Die Allgemeine Relativitätstheorie sollte uns verraten, was passiert, wenn die Masse des gesamten Weltalls auf einen unendlich kleinen Punkt konzentriert ist, wie wir es uns für den Ursprung der Welt vorstellen. Wenn es um das Geschehen im Kleinsten geht, mischt sich aber sofort die Quantenphysik als Platzhirsch ein. Sie umfasst die Regeln, nach denen sich die Bausteine der Materie zusammensetzen, und beschreibt die Elementarteilchen, aus

denen letztlich vom Atom bis zum Pottwal und Petunien-
topf alles besteht. Beide Theorien – Relativität und Quantenphysik – werden zu den ausgefeiltesten Theorien der
gesamten Naturwissenschaft gezählt. Beide Theorien haben
zahllose experimentelle Tests über sich ergehen lassen und
souverän bestanden, sodass praktisch kein ernstzunehmen-
der Wissenschaftler mehr an ihnen zweifelt. Beide Theorien
müssten gemeinsam die Zustände am Beginn des Universums berechnen können … wenn sie sich denn miteinander
vertragen würden. Aber allen Bemühungen der Theoretiker
zum Trotz weigern sich Relativität und Quantenphysik, ihre
Formeln zu neuen Gleichungen zu vereinen, die unter den
extremen Bedingungen des Anfangs gültig bleiben. Kurz vor
dem entscheidenden Moment in der Geschichte des Kosmos verabschieden sich die Theorien ins Unsinnige und lassen die ratlosen Wissenschaftler allein zurück.

Was ganz am Anfang war, wissen wir daher nicht, weil
uns noch die passende Theorie fehlt. Wir wissen nur, dass
es unvorstellbar, unbeschreibbar und eben unberechenbar
war. Doch so schnell geben die Wissenschaftler nicht auf.
Sie suchen weiter nach einer funktionierenden Theorie,
und weil sie dabei schlecht vom „komischen Dingsbums
von damals" oder „Du-weißt-schon-was" reden können,
haben sie dem Unberechenbaren einen Namen gegeben,
der ausgesprochen wissenschaftlich klingt, als hätten sie das
Phänomen dahinter vollkommen im Griff. Sie nennen den
Zustand zum Zeitpunkt Null – eine Singularität.

Motiv für den Urknall: unbekannt

Wie lange sich die Singularität vor Beginn des Universums ihrer Rätselhaftigkeit erfreute, ist ungewiss, denn so etwas wie Zeit existierte zu Beginn vermutlich noch nicht. Nur eines ist sicher: Es war nicht für ewig. Vor 13,8 Mrd. Jahren ereignete sich schließlich etwas Folgenschweres in diesem zeitlosen Mysterium. Etwas, das alles mit einem großen Wumms! verändern sollte. Etwas, dem wir es verdanken, dass es ein Universum, Galaxien, Sterne, Planeten, Leben – und uns – gibt. Etwas, das wir Urknall nennen.

Was den Urknall ausgelöst hat, ist ebenso unbekannt wie der Zustand, den er gesprengt hat. Manche Wissenschaftler mutmaßen, dass zwei „Branen" genannte dreidimensionale Abschnitte einer mehrdimensionalen Struktur miteinander kollidiert sind und der Urknall gewissermaßen eine Art kosmischer Blechschaden ist. Andere glauben, in einer übergeordneten Ebene würden ständig Universen per Urknall entstehen wie Blasen in einer geöffneten Sprudelflasche. Und wieder andere meinen, dass derartige abstrakte Gedankenspielereien reine Zeitverschwendung seien, weil es extrem schwierig sein dürfte, eines der Modelle zu beweisen oder zu widerlegen, und diese damit den wissenschaftlichen Wert von fliegenden Spaghettimonstern oder unsichtbaren rosafarbenen Einhörnern haben.

Zum Glück ist der Blackout unserer Theorien aber bereits sehr kurz nach dem Start des Urknalls beendet, sodass wir lediglich die ersten 0,000 000 000 000 000 000 000 00 0 000 000 000 000 000 000 1 s verpassen. Diese Zeitspanne vom Zehnmillionstel Milliardstel Milliardstel Milliardstel Milliardstel Teil einer Sekunde – oder in wissenschaftlicher

Schreibweise: 10^{-43} s – entspricht grob der sogenannten Planck-Zeit und stellt in der Quantenphysik die kleinste Zeiteinheit dar, mit der ihre Formeln arbeiten können. Diese Planck-Zeit ist gewissermaßen der Taktgeber der Wissenschaft und bezogen auf eine volle Sekunde sehr viel kleiner als ein einzelnes Wassermolekül im Vergleich zu den Wassermassen alle Weltmeere zusammen und weniger als ein Stecknadelkopf im Verhältnis zum Durchmesser des bekannten heutigen Universums. Die Planck-Zeit ist damit so unglaublich klein, dass nur ein besonders pedantischer Forschergeist überhaupt bemerkt, dass wir den eigentlichen Start des Urknalls verpassen. Für uns normale Hobbywissenschaftler setzen die Gesetze der Physik dagegen praktisch sofort ein.

Die dramatischste Sekunde aller Zeiten

Nach 10^{-43} s war das Universum also endlich so weit entwickelt, dass es sich mit unseren wissenschaftlichen Theorien beschreiben ließ. Allerdings nur mathematisch, denn die damaligen physikalischen Zustände wie der herrschende Druck und die Temperatur lagen weit außerhalb jeglicher apokalyptischer Hollywood-Szenarien. Immerhin dürfen wir davon ausgehen, dass es nun endlich Raum und Zeit gab. Nicht viel, denn das Universum war anfangs absolut winzig, sehr viel kleiner als ein Atom oder auch nur der Kern eines Atoms. Außerdem existierten weder Atome noch ihre Kerne. Alles war Energie, und das Universum war höllisch heiß. Die Temperatur lag wohl um die 10^{32} Grad

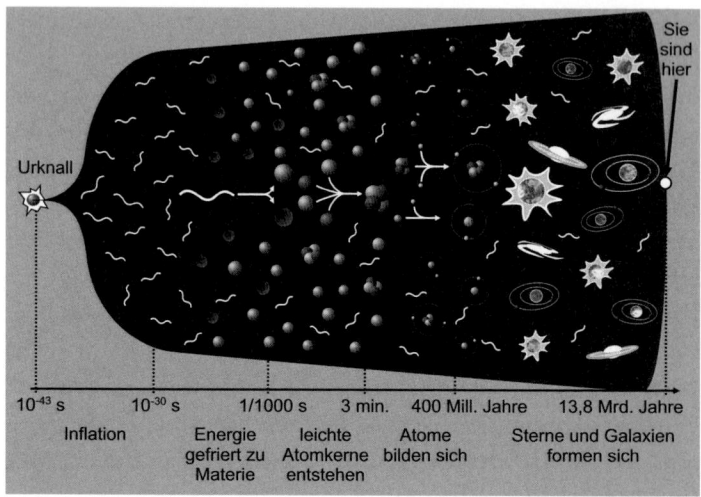

Abb. 1.1 13,8 Mrd. Jahre Universum auf einen Blick. Kurz nach dem Urknall dehnte der Kosmos sich dramatisch aus und schaffte Raum für die Materieteilchen, die sich in den nächsten Jahrmillionen bildeten. Erst danach entstanden Sterne, Planeten und Galaxien. (© Olaf Fritsche)

Celsius, was einer 1 mit 32 Nullen entspricht. Im Vergleich dazu ist das Innere der Sonne mit lediglich 15,6 Mio. Grad (rund 10^7 Grad) ein ausgesprochen kühles Plätzchen.

Die Ereignisse, die nun folgten, standen solchen gigantischen Zahlen aber in nichts nach (siehe Abb. 1.1). Innerhalb der nächsten rund 10^{-30} s blähte sich das Universum gewaltig auf. Eben noch winziger als alle Strukturen, die der Mensch selbst mit den stärksten Mikroskopen gerade sichtbar machen kann, hatte es den quintillionsten Bruchteil einer Sekunde später die Größe einer Orange erreicht. Nie zuvor und niemals danach war eine Explosion heftiger gewesen. Nicht der Inhalt des Universums flog in alle

Richtungen, sondern der Raum selbst dehnte sich aus. Mit einem Vielfachen der Lichtgeschwindigkeit expandierte er und riss alles in seinem Inneren mit sich.

Das hatte ernsthafte Konsequenzen. Während dieser Phase, die Kosmologen als Inflation bezeichnen, kühlte das Universum dramatisch ab, weil sich die Energie auf ein immer größeres Volumen verteilen musste. Dabei wurden minimale Schwankungen in der Energiedichte, die sich ohne Expansion sofort wieder ausgeglichen hätten, so sehr aufgebläht, dass sie nicht mehr auszubügeln waren. Wie beim Aufblasen eines billigen Luftballons zeigten sich in der Energieverteilung Streifen und Schlieren. Das Universum war trotz seiner Jugend faltig geworden. Und obendrein bekam es Pusteln aus Materie.

Wenn Energie gefriert

Bis hierhin war das Universum ausschließlich mit Energie in Form von intensiver Strahlung gefüllt. Als diese sich ausdünnte, machten Teile von ihr eine überraschende Veränderung durch: Sie gefroren zu Materie.

Die Erklärung für diesen Vorgang finden wir in der Speziellen Relativitätstheorie. Nach der berühmten Gleichung $E = mc^2$ sind Energie (E) und Materie (hier durch ihre Masse m repräsentiert) ineinander umwandelbar und damit eigentlich zwei Seiten der gleichen Medaille. Die Lichtgeschwindigkeit c ist in dieser Formel nur ein Faktor, der dafür sorgt, dass die Zahlenwerte und Einheiten auf beiden Seiten des Gleichheitszeichens zueinander passen. Energiepakete mit der richtigen Größe lassen sich nach dieser Formel in Teilchen verpacken, so wie Luftfeuchtigkeit im Winter zu Schneeflocken gefriert. Bei zu hohen Temperaturen sind allerdings weder Schneeflocken noch Materieteilchen lange haltbar. Unmittelbar nach dem Urknall zerstrahlte die Materie deshalb augenblicklich wieder. Bei den rasch sinkenden Temperaturen während der Inflation gelang es aber einer zunehmenden Zahl von Teilchen, immer länger am Leben zu bleiben. Zuerst waren es nur Quarks, Gluonen und verschiedene Bosonen – Elementarteilchen, die sich heutzutage im Kern der Atome verstecken oder nach kurzer Zeit wieder ausgestorben sind. Wenig später kamen auch Elektronen und deren exotischere Verwandte wie Myonen und Neutrinos hinzu. Schnell bevölkerte den Kosmos ein ganzer Zoo von Teilchen, die entstanden und vergingen, sich ineinander umwandelten und jedes für sich seinem eigenen Weg folgte.

Es dauerte eine tausendstel Sekunde, bis die ersten Materieteilchen ihr Einzelgängerdasein aufgaben und kleine Grüppchen formten. Jeweils drei Quarks fanden sich zu Protonen und Neutronen zusammen, den Bausteinen unserer heutigen Atomkerne. Aber erst nach einer Minute hatte sich das Universum so weit abgekühlt, dass sich Protonen und Neutronen zu kleinen Atomkernen zusammenlagern konnten, ohne gleich wieder auseinandergerissen zu werden. Bei dieser primordialen, also „ursprünglichen" Nukleosynthese entstanden die ältesten Elemente: zu 75 % Wasserstoff und etwa ein Viertel Helium, dazu geringe Mengen Lithium. Drei Minuten nach dem Urknall war das Starterpaket für ein Universum mit allem fertig geschnürt.

Aus Körnchen werden Galaxien

Eine Live-Schaltung in diese Ära des Kosmos hätte sich allerdings kaum gelohnt, denn zu sehen gab es damals nichts. Das Weltall war schlichtweg nicht durchsichtig, weil frei herumfliegende Elektronen alles Licht schluckten. Die Spezial-Sendung hätte geschlagene 300 000 Jahre laufen müssen, bis sich auf dem Monitor langsam die ersten Bilder des neuen Universums abgezeichnet hätten. Durch die andauernde Expansion des Raums war die Temperatur dann so weit gesunken, dass die frisch erschaffenen Atomkerne die freien Elektronen auf enge Bahnen zwingen und schließlich vollends einfangen konnten. An ihre neuen Herren gebunden, konnten die Elektronen nicht mehr jedes beliebige Photon aufnehmen, sondern mussten das meiste Licht unbehelligt ziehen lassen, sodass es im Weltall allmählich aufklarte.

Und zu sehen war … Nebel. Ein Nebel, der immerhin nicht nur englische Astronomen entzückt hätte, sondern Liebhaber wachsender Galaxien auf der ganzen Welt. Der Nebel zu Beginn der Materie-Ära war nämlich keineswegs absolut gleichmäßig verteilt, sondern ein wenig klumpig. Schuld daran waren die geringen Dichteschwankungen aus der Inflationsphase, die nun gewaltig aufgeblasen waren und sich zunehmend bemerkbar machten. Mit ihrer Schwerkraft zogen sich die Teilchen in den dichteren Bereichen gegenseitig an und formten Materiewolken, zwischen denen später große Leerräume gähnten. Der Zusammenhalt durch die Gravitation war so stark, dass sich die Wolken sogar aus der allgemeinen Ausdehnung des Kosmos ausklinkten und sich stattdessen gegen den Trend kontrahierten. Neben der normalen Materie war auch die rätselhafte Dunkle Materie an dem Prozess beteiligt, von der wir gerade einmal wissen, dass es von ihr fünfmal so viel wie herkömmliche Materie gibt und sie deshalb für einen Großteil der Gravitation verantwortlich ist, die Galaxien und Galaxienhaufen zusammenhält. Woraus Dunkle Materie besteht, wie und wann sie entstanden ist und ob sie vielleicht nach Vanille duftet, steht noch in den Sternen. Denn nur mithilfe der Dunklen Materie kollabierten die Gaswolken schließlich so weit, dass drei oder vier Millionen Jahre nach dem Urknall die ersten Sterne ihr Fusionsfeuer entzünden konnten (siehe Kap. 3). Das Universum hatte endlich begonnen zu funkeln.

Aber das war nur die halbe Wahrheit …

Auf das Wesentliche konzentriert

Die andere Hälfte ist eine Geschichte zweier ungleicher Zwillinge, die einander bis auf den Tod bekämpft und sich gegenseitig ins Verderben gerissen haben. Der Schaden, den sie dabei anrichteten, war größer als in allen Teilen von „Stirb langsam!", „Rambo" und den „Blues Brothers" zusammen. Und trotzdem hatten erst der Tod des einen und die fast vollständige Vernichtung des anderen unsere eigene Existenz möglich gemacht. Doch davon hatte die Menschheit nichts geahnt, bis 1928 einer der genialsten und zugleich merkwürdigsten Wissenschaftler aller Zeiten mit einigen Gleichungen der Relativitätstheorie herumspielte.

Sich mit Paul Dirac zu unterhalten, war Zeit seines Lebens nicht einfach. Am liebsten arbeitete der britische Physiker, der 1902 in Bristol geboren worden war, alleine, tief versunken in einen einzigen Gedanken. „Ich kann nicht zwei Dinge gleichzeitig", soll er einmal Studenten geantwortet haben, mit denen er unterwegs zum Postamt war, als sie ihn um einen Kommentar zu einem Vortrag baten, den sie gerade gehalten hatten. Der Satz war für Dirac bereits ungewöhnlich lang. Auf Feiern, an denen er teilnehmen musste, sagte er meistens gar nichts oder antwortete auf Fragen mit einem kurzen „Ja", „Nein" oder „Ich weiß nicht".

Sein Biograf, der britische Physiker Graham Farmelo, vermutet, dass Dirac autistisch veranlagt war. Er nahm stets alles wörtlich, sodass er während einer Vorlesung den Einwurf eines seiner Studenten „Ich verstehe die zweite Gleichung nicht" keineswegs als Frage interpretierte, sondern als reine Feststellung, auf die er nicht zu reagieren brauchte. Überhaupt waren zwischenmenschliche Verhaltensweisen ein Rätsel für Dirac. Seine Frau stellte er einmal mit den Worten „Das ist die Schwester von Wigner" vor, weil für ihn ihre Verwandtschaft mit dem Physiker und Nobelpreisträger Eugene Wigner das bedeutendste Merkmal war. Den Umstand, dass sie mit ihm verheiratet war, schob er als zweites nach, und ihren Vornamen „Margit" vergaß er ganz zu erwähnen. Wenn möglich, versuchte Dirac solche Klippen mit selbst konstruierten Verhaltensregeln zu umschiffen. Die Frage etwa, was der ideale Abstand war, um eine Frau anzusehen, löste er mit einer mathematischen Gleichung. Aus unendlicher Entfernung war gar nichts zu erkennen, stellte er fest, und ebenso ungeeignet war es, die Distanz auf null schrumpfen zu lassen, weil dann durch die Lichtbrechung im Auge alles verzerrt erscheinen würde. Am besten war seiner Ansicht nach ein Abstand von einem halben Meter. Die Formel, mit der er diese Distanz berechnet hat, ist leider nicht überliefert.

Kein Wunder, dass der Quantenphysiker Niels Bohr, mit dem Paul Dirac ein halbes Jahr an dessen Institut in Kopenhagen zusammengearbeitet hat, ihn als „den seltsamsten aller Menschen" bezeichnete. Was keineswegs abwertend gemeint war. Der Umgang mit Dirac war angenehm, der Brite war höflich und zurückhaltend. Überaus zurückhaltend. „Ich verehrte Bohr sehr", erinnerte sich Dirac an die Zeit in Dänemark. „Wir haben lange Gespräche miteinander geführt – Gespräche, bei denen praktisch nur Bohr geredet hat."

Bild und Spiegelbild

Trotz seines eigentümlichen Charakters hatte Dirac durchaus einen ausgeprägten Sinn für Schönheit – solange sie mathematisch war. Für ihn war es „wichtiger, eine schöne Gleichung zu erhalten, als eine Formel, die zu den Experimenten passt." Deswegen hat es ihn vermutlich nicht allzu sehr gestört, als 1928 seine Berechnungen zu den Eigenschaften des Elektrons eine erstaunliche Schlussfolgerung nahelegten: Neben dem Elektron müsste es eine weitere, noch unbekannte Art von Teilchen geben, die dem Elektron zum Verwechseln ähnlich sieht. Lediglich in der elektrischen Ladung und im magnetischen Verhalten sollten sich die beiden Zwillinge unterscheiden. Während das Elektron negativ geladen ist, sollte sein Gegenstück nach der Dirac-Gleichung positiv geladen sein.

Obwohl Dirac der Mathematik in der Regel mehr vertraute als der Realität, war er dieses Mal zögerlich. Er wagte es nicht, die Existenz des ominösen Spiegel-Elektrons explizit vorherzusagen. Erst als der US-amerikanische Physiker Carl David Anderson 1932 in einem Experiment beweisen konnte, dass es das **posi**tive Elek**tron,** oder Positron, wirklich gab, erkannte Dirac, dass seine Formeln auch dieses Mal besser über die Wirklichkeit Bescheid gewusst hatten als der gesunde, aber im Vergleich zur Natur doch recht fantasielose Menschenverstand. Dennoch erhielt er 1933 den Nobelpreis für seine Arbeiten zur Atomphysik, und Anderson wurde 1936 für die Entdeckung des Positrons geehrt.

Das Positron war aber nur der Vorbote einer ganzen Reihe von Teilchen. In den folgenden Jahren zeigte sich, dass es zu jedem Materieteilchen ein Gegenstück gibt, das sich spiegelbildlich verhält und die entgegengesetzte elektrische Ladung trägt: Antimaterie. Nach und nach gelang es Wissenschaftlern, in großen Teilchenbeschleunigern immer mehr Antimateriebausteine zu erzeugen und aus ihnen sogar ganze Antimaterie-Atome zu konstruieren. Die Teilchen entspringen dabei beinahe aus dem Nichts. In einem Prozess, den Physiker als Paarbildung bezeichnen, wandelt sich die Energie starker Strahlung in ein Materie- und ein Antimaterieteilchen um (siehe Abb. 1.2). Auf diese Weise entstehen Elektron und Positron, Proton und Antiproton in jeweils gleichen Mengen. Schnell erkannten Wissenschaftler, dass solche Zwillingsgeburten nicht nur in ihren Teilchenbeschleunigern stattfinden konnten, sondern auch im frühen Universum abgelaufen sein mussten. Statt einfach nur Materie zu produzieren, musste der Urknall auch dieselbe Menge Antimaterie hervorgebracht haben. Der Kosmos war zu Beginn also nicht nur materiell, er war auch antimateriell.

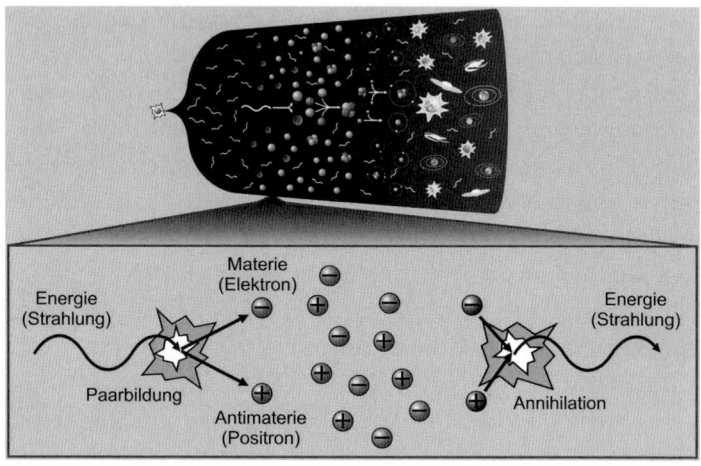

Abb. 1.2 Zwei Seiten der gleichen Medaille. Energie kann zu Materie und Antimaterie „gefrieren" und entsteht wieder, wenn die ungleichen Zwillinge aufeinanderprallen. Aus unbekannten Gründen ist dabei im jungen Universum ein kleiner Überschuss an Materie übrig geblieben. (© Olaf Fritsche)

Von einem friedlichen Nebeneinander konnte aber keine Rede sein. Sobald sich Materie und Antimaterie zu nahe kommen, kracht es gewaltig. Die Teilchen zerstrahlen bei einer Kollision in einer sogenannten Annihilation zu einer Kaskade von kleineren Teilchenpaaren und Unmengen von Energie. Die Reaktion ist so gewaltig, dass beim Zusammenstoß eines einzelnen Stücks Würfelzucker mit einem Gegenstück aus Antimaterie zehnmal so viel Energie freigesetzt würde wie bei der Explosion der Hiroshima-Bombe. Materie und Antimaterie konnten unmöglich auf Dauer den gleichen Raum miteinander teilen.

Aber was war dann vor 13,8 Mrd. Jahren passiert, als das Universum Materie und Antimaterie hervorgebracht hatte? Hatten sich die beiden gegenseitig vernichtet? Oder hatten sie sich grollend in verschiedene Winkel des Weltraums verzogen wie Boxer, die beim Klang des Gongs in ihre Ecken gehen? Warum besteht alles, was wir im Weltall sehen können, aus Materie und nichts aus Antimaterie? Wieso gab es also überhaupt etwas und nicht vielmehr nichts? – Mit der Entdeckung der Antimaterie war diese Frage zur physikalischen Gretchenfrage unserer Existenz geworden.

Der unbekannte kleine Unterschied

Trotz der Bedeutung dieser Frage war die Wissenschaft jahrzehntelang glücklich damit, keine Ahnung zu haben. Erst der russische Physiker und Dissident Andrei Sacharow wandte sich in den späten 1960er Jahren, nachdem er entscheidend zur Entwicklung der sowjetischen Wasserstoffbombe beigetragen hatte, dem erstaunlichen Ungleichgewicht von Materie und Antimaterie im Kosmos zu.

Die Idee einer toleranten Koexistenz von Galaxien aus Materie und Antimaterie war schnell vom Tisch. In den Grenzbereichen zwischen diesen müssten immer wieder Teilchen der verfeindeten Lager aufeinanderprallen, und die energiereiche Strahlung wäre sicherlich von der Erde aus zu beobachten. Da sie fehlt, gibt es zumindest im sichtbaren Teil des Universums keine größeren Anhäufungen von Antimaterie. Die vereinzelten Spiegelteilchen, die verschiedene Messinstrumente wie etwa das Alpha-Magnet-Spektrometer der Internationalen Raumstation ISS eingefangen haben, stammen dementsprechend nicht aus der Kinderstube des Kosmos, sondern sind erst vor kurzer Zeit durch Prozesse wie die oben angesprochene Paarbildung entstanden.

Wenn die Antimaterie verschwunden war, musste es also eine Vernichtungsschlacht gegeben haben, aus welcher die Materie als Sieger hervorgegangen war. Sacharow stellte fest, dass hierfür bestimmte Bedingungen erfüllt sein mussten. Materie und Antimaterie durften sich nicht exakt gleich verhalten. Zwar gab es kurz nach dem Urknall genau gleiche Mengen davon, aber dann hatte es bei den anschließenden Zerfalls- und Umwandlungsprozessen einen winzigen Unterschied gegeben, der dafür gesorgt hatte, dass schließlich auf jeweils eine Milliarde Antiteilchen eine Milliarde und ein Materieteilchen kam. Diese 0,000 001 Promille überstanden als Einzige das Feuerwerk, in dem sich Materie und Antimaterie gegenseitig ausgelöscht hatten, und waren der Grundstock für die Galaxien, Sterne und Planeten des Universums. Bloß: Wo lag der gesuchte kleine Unterschied?

Bis heute kann die Wissenschaft das Rätsel der Baryonenasymmetrie, wie die Vorherrschaft der Materie offiziell heißt, nicht lösen. Doch sie hat erste Hinweise. Beispielsweise zerfallen radioaktive Kerne und exotische Teilchen wie Kaonen aus Materie anders als ihre Pendants aus Antimaterie. Allerdings sind die bisher gefundenen Brüche der Symmetrie zu klein, um das beobachtete Übergewicht der Materie zu erklären. Außerdem würde diese Begründung den Schwarzen Peter nur weitergeben, denn welcher Mechanismus macht die Antimaterie instabiler oder lenkt sie beim Zerfall in die falschen Bahnen?

Glücksfall Nummer Eins: Es gibt überhaupt etwas

Obwohl inzwischen mehr als ein Dutzend Nobelpreise an Teilchenphysiker vergeben wurden, die sich mit der Frage beschäftigt haben, warum ein kleiner Teil der Materie die Vernichtungsorgie mit der Antimaterie überstanden hat, kennen wir noch immer nicht den Grund dafür. Vielleicht kann uns eines Tages die Stringtheorie mehr verraten, nach welcher Teilchen eigentlich bestimmte Schwingungszustände eindimensionaler Objekte in einer zehndimensionalen Raumzeit sind. Vielleicht setzt sich eine Theorie der Supersymmetrie durch, die eine Reihe zusätzlicher schwerer Teilchen postuliert, deren Eigenschaften irgendwie eine Realität, wie wir sie wahrnehmen, erzwingen.

Vielleicht haben wir bei der Entstehung des Universums aber einfach nur Glück gehabt. Denn nur, weil es Materie gibt, gibt es überhaupt etwas. Nur deshalb konnten sich Sterne, Planeten und Leben bilden. Doch einmal Glück zu haben, reichte nicht aus. Die Materie musste nicht einfach nur da sein, sondern sie benötigte zusätzlich die richtigen Rahmenbedingungen, um Jahrmilliarden zu überdauern und sich zu größeren Strukturen zusammenzulagern …

Wo sie mehr erfahren

- Johann Grolle: *Die Gegenwelt.* Der Spiegel 28(2012) Reportage über die Forschungen im CERN zu Antimaterie.

„He! Kommt schnell her! Kosmos will einen Big Bang machen!" (© Salome Hunziker)

- James M. Cline: *Der Ursprung der Materie*. Spektrum der Wissenschaft 11(2004)
  Eher anspruchsvoller Übersichtsartikel zu den Theorien, warum es im Kosmos mehr Materie als Antimaterie gibt.
- Antimaterie – Spiegelbild der Materie
  http://www.weltmaschine.de/e92/e189/e78814/column-objekt79040/lbox/infoboxContent79041/
  Broschüre des CERN mit einer leicht verständlichen Einführung in die Physik der Antimaterie.
- Graham Farmelo: *The Strangest Man*. Faber and Faber (2009)
  Einfühlsame Biographie des Physikers Paul Dirac.
- Lawrence Krauss: *Ein Universum aus Nichts*. Albrecht Knaus Verlag (2013)
  Der aktuelle physikalische Stand der Frage, warum es das Universum überhaupt gibt.

2
Auf den Punkt menschenfreundlich

Theoretisch könnte alles anders sein. Wenn die wesentlichen Größen im Universum – die Naturkonstanten – etwas andere Werte hätten, gäbe es vielleicht keine Materie, keine Sterne, kein Leben oder gar eine fraktale Anzahl von Dimensionen. Obwohl die Wissenschaftler sich noch nicht einig sind, ob für intelligentes Leben eine Feinabstimmung der Konstanten notwendig ist, scheint eines sicher zu sein: Hätte die Natur ein bisschen zu ungünstig an den Reglern gedreht, müsste sie ohne den Menschen auskommen. Glück gehabt!

Von außen betrachtet sieht es manchmal so aus, als würde der Fortschritt der Wissenschaft strikt einer klaren, geraden Linie folgen. Am Anfang führt sie noch durch düstere Gegenden voll unbeantworteter Fragen und ungelöster Probleme. Doch mit jedem Experiment und jeder Beobachtung kommt mehr Licht in das Bild. Mit unbestechlicher Logik ergründen Forscher immer weitere Geheimnisse der Natur, wobei sie rein rational vorgehen, ohne sich von Vorurteilen, persönlichen Eitelkeiten oder gar Emotionen beeinflussen zu lassen. Geleitet werden sie von strahlenden Helden wie Isaac Newton, Albert Einstein oder Stephen Hawking. Der Lohn ihrer Mühe ist schließlich eine Theorie, die so überzeugend ist, dass der Mensch mit ihr Atome spalten und ins Weltall fliegen kann.

Schade, dass die Wahrheit in der Regel anders aussieht. Oder vielleicht ist das auch ein Glück, denn eine perfekte Wissenschaft wäre kalt, fantasielos und vor allem langweilig. Die Wirklichkeit hat dagegen einen Reichtum an Intrigen, Betrügereien und offenen Feindseligkeiten zu bieten, der jeder Seifenoper im Fernsehen genügend Material für mehrere Staffeln liefern könnte. Manche vermeintliche Heroen haben – wie beispielsweise Isaac Newton – ihre Konkurrenten denunziert und lächerlich gemacht. Andere – unter ihnen Albert Einstein – hatten ihre beste Zeit längst hinter sich, als sie berühmt wurden, und stolperten auf der Suche nach alter Größe von einer wissenschaftlichen Sackgasse in die andere. In den guten Fällen blieben sie dabei schlicht erfolglos wie Einstein bei seiner Jagd auf versteckte Parameter in der Quantenphysik. In den weniger guten Fällen machten sie sich mit ihren abstrusen Ideen zum Gespött der Kollegen.

Und in einem Fall hat sich ein eigentlich großer Wissenschaftler mit seinem Dickkopf und seiner Unbelehrbarkeit höchstwahrscheinlich selbst um den verdienten Nobelpreis gebracht.

Kein Nobelpreis für Don Quijote

Fred Hoyle war sicherlich kein einfacher Mensch. Wer ihn kannte und es gut mit ihm meinte, hätte ihn vermutlich als einen mutigen Querdenker bezeichnet. Wer mit ihm aneinandergeraten war, fand sicherlich auch durchaus deutlichere Worte. Und es war einfach, anderer Meinung zu sein als Hoyle. Allem Anschein nach hatte der englische Astrophysik und Professor in Cambridge eine Schwäche für weit hergeholte Erklärungen, denen er sich voll und ganz verschrieb. Das musste schon sein Vater erfahren, der als Wollhändler ohne akademische Bildung über die Evolutionslehre von Charles Darwin gelesen hatte und seinem zwölfjährigen Sohn begeistert davon erzählte. Der junge Fred, der schon als Vierjähriger das gesamte kleine Einmaleins beherrschte und sich im Alter von zehn Jahren mithilfe der Sterne orientieren konnte, glaubte Darwin und seinem Vater kein Wort. Ein Wechselspiel von zufälligen Mutationen und harter Auswahl der besten Varianten durch Selektion war seiner Ansicht nach nicht geeignet, um die vielen verschiedenen Lebensformen auf der Erde hervorzubringen. Und das nicht etwa, weil er besonders religiös war, nein, Fred Hoyle hatte schlicht eine intuitive Abneigung gegen die Evolution, und so war er einfach skeptisch. Selbst Fossilienfunde wie der *Archaeopterix*, der Merkmale von Vögeln und Reptilien zeigt, konnten ihn nicht überzeugen. Für ihn waren dies vielmehr dreiste Fälschungen, die keiner Diskussion würdig waren.

Aber Hoyles Interesse galt sowieso weniger der Biologie als der Physik und der Mathematik. Nach der Schule studierte er folgerichtig in Cambridge Astrophysik, wo er nach dem zweiten Weltkrieg eine Stelle als Dozent antrat. Hier entwickelte er zusammen mit zwei Kollegen das Steady-State-Modell der Kosmologie, nach welchem das Weltall ewig war und keinen Anfang hatte. Ausdehnen durfte es sich ruhig, nur nicht als Ganzes aus dem Nichts erscheinen, wie es die Urknalltheorie behauptete. Stattdessen sollte in den ohne Unterlass entstehenden Lücken zwischen den Galaxien ständig neue Materie aus dem Vakuum entspringen. An die Stelle eines einzigen „Big Bang", wie Hoyle die Urknalltheorie in einem Radiogespräch mit der BBC als Erster bezeichnete, gehörte seiner Ansicht nach also ein stetiges Nachplätschern ohne Anfang und Ende. Als sich bald darauf die Beobachtungsdaten gegen sein Steady-State-Modell wandten und stattdessen für die Richtigkeit der Urknalltheorie sprachen, schaltete er erneut auf stur. Noch im Jahr 1993, als außer ihm kaum noch jemand daran zweifelte, dass das Universum einen Anfang hatte, versuchte Hoyle seine Idee zu retten, indem er behauptete, im Weltall fänden ständig „Mini-Bangs" statt, bei denen Weiße Löcher auf einen Schlag große Mengen neuer Materie ausschütten, die sie von Schwarzen Löchern in anderen Raumzeiten erhalten. Eine Hypothese, die so kompliziert ist, wie sie sich anhört. Und die andere Astrophysiker auch deshalb ablehnen, weil Weiße Löcher ihrer Ansicht nach nicht mehr als mathematische Kunstgebilde sind, die lediglich innerhalb der Formeln zur Relativitätstheorie existieren, nicht aber im realen Universum.

Während die meisten Wissenschaftler Hoyles Anhänglichkeit zu seinem Steady-State-Modell noch mit einem verkniffenen Lächeln als liebenswerte Schrulligkeit verziehen, bereiteten ihnen einige seiner anderen Einfälle größere Bauchschmerzen. Beispielsweise bestand Hoyle darauf, dass das Leben nicht auf der Erde entstanden war, sondern in Form ganzer Zellen aus dem Weltall gekommen ist – eine Idee, die als Panspermie bezeichnet wird und unter Biologen kaum ernstzunehmende Anhänger hat. Ebenso wie Hoyles Behauptung, dass ein Mangel an Sonnenflecken der

wahre Grund für Schnupfenepidemien wären, da die ver-
ringerte Sonnenaktivität dann nicht mehr die kosmischen
Viren abtöten könnte und diese ungehindert auf die Erde
gelängen.

Wie ein wissenschaftlicher Don Quijote warf Hoyle sich
für seine Theorien in Schlachten, die von vornherein aus-
sichtslos waren. Kurz nachdem er im Jahr 1972 passender-
weise zum Ritter geschlagen worden war, überspannte er den
Bogen jedoch endgültig. Aus Verärgerung darüber, dass die
Leitung der Cambridge University eine freie Professorenstel-
le mit jemand anderem als seinem eigenen Wunschkandi-
daten besetzte, überwarf sich Hoyle mit dem „Robespierre-
ähnlichen Spionage-System" in Cambridge und legte mit 57
Jahren alle Ämter nieder. Wie der Ritter von der traurigen
Gestalt begann er eine Wanderkarriere, die ihn an verschiedene Universitäten führte. Unter anderem lehrte er einige
Jahre am California Institute of Technology, dem berühmten Caltech, und schrieb zahlreiche Sachbücher und Sci-
ence-Fiction-Romane. Wissenschaftlich machte er nun immer häufiger mit haltlosen Thesen von sich reden, in denen
er etwa behauptete, dass die Gene des Menschen fix und
fertig aus dem Weltall auf die Erde herabgeregnet wären.

Derartige Eskapaden waren vermutlich schuld daran,
dass Hoyle 1983 leer ausging, als der Nobelpreis für Physik
für eine Theorie vergeben wurde, die eigentlich zuerst von
ihm entwickelt worden war, wie der Preisträger William Al-
fred Fowler in seiner Autobiografie schrieb: „Das großarti-
ge Modell der Nukleosynthese in Sternen wurde eindeutig
1946 von Hoyle aufgestellt." Die Windmühlen, gegen die
Hoyle ohne Rücksicht immer wieder angeritten war, warfen anscheinend inzwischen so viele Schatten, dass sie den

Blick verwehrten auf einen der wirklichen Riesen, die Hoyle tatsächlich besiegt hatte: Die Frage, wo und wie eigentlich die schweren Elemente im Universum entstanden sind.

Der Stoff, aus dem das Leben ist

Obwohl Fred Hoyle den Urknall nicht mochte, hatte er ihm nicht nur seinen englischen Namen gegeben, sondern auch eines der größten Probleme dieser Theorie gelöst. Unter den Bedingungen des jungen Kosmos konnten sich nämlich ohne Weiteres die Atomkerne der Elemente Wasserstoff, Helium und Lithium bilden, für alle schwereren Elemente reichte aber die Energie schon sehr bald nicht mehr aus. Besonders Kohlenstoff – der Grundbaustein aller Biomoleküle – benötigt für seine Entstehung eine Temperatur von über 100 Mio. Grad Celsius, doch so heiß war das Weltall bereits nicht mehr, als sich die Protonen und Neutronen zu Atomkernen zusammenfanden. Mit dem Urknall konnte der Kohlenstoff darum nicht entstanden sein.

Aber irgendwo musste er herkommen, denn schließlich ist das Weltall voll von Kohlenstoffverbindungen, von denen nicht zuletzt wir Menschen unzählige in uns tragen. Hoyle suchte also nach einer ultraheißen Quelle für das offensichtlich vorhandene Element und stieß schließlich auf das Innere von Sternen. Im Laufe ihres Daseins machen Sterne mehrere Phasen durch, die sich vor allem in den Kernreaktionen unterscheiden, mit denen sie sich gegen ihre eigene Schwerkraft wehren. Zunächst fusionieren sie Wasserstoff zu Helium, was ausreichend Energie liefert, um das Zentrum so weit aufzuheizen, dass es dem Gravitationsdruck standhalten kann. Je nach Größe des Sterns geht der Wasserstoff jedoch nach einigen Millionen bis Milliarden Jahren zur Neige, und der Stern fällt in sich zusammen. Unter dem zunehmenden Druck steigt aber die Temperatur über die Grenze von 100 Mio. Grad Celsius, sodass neue Fusionsreaktionen einsetzen. Jetzt verschmelzen die Heliumkerne miteinander. Eine der dabei auftretenden Reaktionen trägt den Namen Drei-Alpha-Prozess, weil insgesamt drei Heliumkerne, die auch als Alpha-Teilchen bezeichnet werden, fast gleichzeitig miteinander kollidieren müssen. Heraus kommt ein Kohlenstoffatom. Vorausgesetzt, der Drei-Alpha-Prozess findet tatsächlich statt.

Die Wahrscheinlichkeit für solch ein Treffen, bei dem die Kerne dann auch noch wirklich miteinander verschmelzen, ist jedoch ungeheuer gering. Hoyle erkannte, dass nur dann genügend Kohlenstoff entstehen konnte, wenn die beteiligten Kerne auf wundersame Weise zueinander passten. Er wagte daher die Vorhersage, dass es einen besonderen Typus von Kohlenstoffkern geben musste, der fast exakt den gleichen Energiezustand hatte wie die Heliumkerne, von denen die Reaktion ausging. Nur unter dieser Bedingung, so argumentierte er, konnten die Kerne vom Einzelgängertum in die Gemeinsamkeit gleiten. Der Haken an dieser Idee war, dass die Energiezustände von Helium und dem ominösen Kohlenstoff ziemlich genau zueinander passen mussten. So genau, dass sich eine derartige Übereinstimmung kaum noch als zufälliges Ereignis ansehen ließe.

Als Theoretiker konnte Hoyle seine Idee nicht selbst mit einem Experiment überprüfen. Daher sprach er den Kernphysiker William Fowler an, der schon das Energieniveau eines Zwischenprodukts des Drei-Alpha-Prozesses bestimmt hatte. Fowler benötigte für die schwierigen Messungen einige Jahre, doch dann stand fest, dass es eine radioaktive Form des Kohlenstoffs gab, deren Energie bis auf 0,65 % passte. Hoyle hatte recht gehabt. Doch in die Freude, den Ursprung des Kohlenstoffs entdeckt zu haben, mischte sich ein weiterer Gedanke: Warum lagen die Energieniveaus so dicht zusammen? Und warum waren die Werte für alle denkbaren Folgereaktionen so weit verschoben, dass sie langsamer abliefen und damit ausreichend große Mengen Kohlenstoff übrig ließen? Sah das nicht ganz danach aus, als wären die Daten absichtlich so zusammengestellt, dass sie genug Kohlenstoff produzieren, um später biologisches Leben zu erzeugen? „Nichts hat meinen Atheismus so erschüttert wie diese Entdeckung", stellte Hoyle im Rückblick fest.

Auf des Kosmos' Schneide

Ginge es nur um die Energiewerte einer radioaktiven Kohlenstoffvariante, hätte die Wissenschaftsgemeinde die wundersame Übereinstimmung von Wunsch und Wirklichkeit mit einem Achselzucken zur Kenntnis genommen und wäre zur Tagesordnung übergegangen. Aber je genauer sie hinsah, desto länger wurde die Liste der denkwürdigen Zufälle bei den Naturkonstanten:

• Wäre die starke Wechselwirkung, durch welche die Protonen im Atomkern zusammengehalten werden, nur um zwei Prozent stärker, hätten diese sich gleich nach dem Urknall zu Zweiergrüppchen zusammengefunden. Anstelle des Wasserstoffs, wie wir ihn kennen und wie er im Inneren der Sterne fusioniert, hätte es einen Diprotonenwasserstoff gegeben, der eine Trillion Mal schneller fusioniert. Damit wären Sterne entstanden, gealtert und explodiert, bevor das Leben überhaupt eine Chance gehabt hätte, sich auf einem der Planeten zu entwickeln.

- Ebenso katastrophal wäre es, wenn die Gravitationskonstante, von der abhängt, wie stark sich Massen gegenseitig anziehen, um das $0,000\,000\,000\,000\,000$ $000\,000\,000\,000\,000\,000\,000\,000\,1$-Fache von ihrem tatsächlichen Wert abgewichen wäre. Läge die Konstante leicht zu hoch, hätten sich die Sterne unter der eigenen Schwerkraft zu schwach glimmenden Roten Zwergen verklumpt, eine geringere Gravitation hätte sie zu Blauen Riesen aufgebläht, die ihr Fusionsmaterial innerhalb einiger Millionen Jahre aufbrauchen. Zu schnell für das Leben.

- Als wenn ein Universum ohne Sterne nicht schon schlimm genug wäre, hätte eine zu große kosmologische Konstante dem Weltall gleich noch den kümmerlichen Rest an Strukturen genommen. Die kosmologische Konstante beschreibt die unbekannte Kraft, die noch heute das Universum expandieren lässt. Ihr Wert ist 10^{122}-mal kleiner als alle anderen grundlegenden Größen des Universums. Wäre sie nur ein wenig größer ausgefallen, hätte sie den Raum so schnell auseinander getrieben, dass jedes Materieteilchen auf ewig einsam und allein durch die Weiten getrieben wäre. Galaxien, Sterne, Planeten oder neugierige Humanoide hätte es niemals gegeben.

Wir könnten die Aufzählung noch um eine ganze Reihe anderer Naturkonstanten erweitern. Beispielsweise um die Sommerfeld'sche Feinstrukturkonstante, die bestimmt, wie stark elektrische Ladungen einander anziehen oder abstoßen. Ob Elektronen bei ihren Atomkernen bleiben, ob die molekularen Kopiermaschinen der Zelle an die DNA binden können, ob wir getrost auf einem Stuhl Platz nehmen können oder durch die Sitzfläche fallen und ob die Sonne uns mit der Wärme ihres Fusionsfeuers versorgt – all dies und noch viel mehr hängt vom exakten Wert der Feinstrukturkonstanten ab. Ein bisschen zu viel oder zu wenig und – schwups! – wäre es vorbei mit dem Traum von der Menschheit. Oder das Verhältnis der Massen von Elektronen und Protonen, das genau austariert erscheint, damit sich Atome und Moleküle bilden können. Selbst für die drei Dimensionen des Raums gibt es keinen erkennbaren Grund. Im Prinzip könnte das Universum auch vier, fünf oder 38 Raumdimensionen haben. Sogar eine nicht ganzzahlige oder „fraktale" Dimensionalität wie 17/8 wäre theoretisch möglich. Allerdings ohne uns, denn schon bei vier Raumdimensionen finden weder Elektronen noch Planeten stabile Bahnen um ihre Kerne beziehungsweise Sonnen.

Für all die genannten Katastrophen bräuchten sich die Naturgesetze nicht zu ändern, es reicht, wenn die darin vorkommenden Konstanten leicht andere Werte annehmen. Wir können uns diese Naturkonstanten als eine Art Wechselkurs vorstellen, der vorgibt, in welchem Verhältnis Messgrößen ineinander umgewandelt werden können. So wie ein Euro etwa 10,20 Guatemaltekische Quetzal bringt, ergibt die Masse einer Tafel Schokolade auf der Erde eine Gewichtskraft von rund einem Newton. Wäre die Gravitationskonstante als Wechselkurs doppelt so groß, stiege auch die Kraft auf das Zweifache. Solange es nur um Schokolade geht, würde das lediglich den wöchentlichen Einkauf ein gutes Stück schweißtreibender gestalten, die Auswirkungen auf die Sterne und Galaxien wären hingegen deutlich unangenehmer. Genau wie ein schlechter Wechselkurs eine Volkswirtschaft in den Ruin treiben kann, haben die Naturkonstanten daher das Schicksal des Universums in ihren Händen. Sind sie schlecht gestimmt, kann der Anfang der Welt auch schon ihr Ende sein.

Unser Dasein stand bei der Festlegung der Naturkonstanten kurz nach dem Urknall – oder geschah dies vielleicht ganz zu Beginn in dem dunklen Sekundenbruchteil, den wir noch nicht berechnen können? – also in mehr als einer Hinsicht auf des Kosmos' Schneide. Und trotzdem sind wir hier, machen uns auf der Kruste eines lebensfreundlichen Planeten breit und sinnieren über Guatemaltekische Quetzals und Gravitation. Allem Anschein nach meinte es wohl jemand sehr gut mit uns und hat die Naturkonstanten ganz nach unseren Bedürfnisse eingestellt. Als ob wir am Ende doch etwas Besonderes sind. Vielleicht sogar der Grund, warum es das Universum überhaupt gibt?

Stark, schwach oder mit Zucker?

Die Feinabstimmung der Naturkonstanten boxt den Menschen anscheinend wieder in den Mittelpunkt des Universums, von wo ihn frühere Astronomen wie Giordano Bruno, Nikolaus Kopernikus und Galileo Galilei vertrieben hatten. Ausgerechnet zur Feier des 500. Geburtstags von

Kopernikus im Jahr 1973 läutete der australische Kosmologe Brandon Carter in einer Rede die neue Diskussion über die Rolle des Menschen im Kosmos ein. Dabei hatte er nur darauf hinweisen wollen, dass wir in einem Universum leben, das glücklicherweise die Entwicklung intelligenten Lebens erlaubt – was eigentlich kein sonderlich überraschender Gedanke ist, zumal wir ihn nur denken können, gerade weil das Weltall so freundlich zu uns ist, und wir deshalb existieren. Leider benutzte Carter für diesen Umstand den Begriff *anthropisches Prinzip*, in dem das Wort „anthropisch" vom griechischen „anthropos" für „Mensch" vorkommt. Gemeint hatte Carter irgendeine beliebige Form von intelligenten Spezies, doch der Gedanke „Wir sind wieder wer!" brach sich schnell kosmische Bahnen, und das anthropische Prinzip machte sich unter Physikern und Philosophen selbständig.

Mittlerweile sind über 30 Ausprägungen, Formulierungen und Geschmacksrichtungen des anthropischen Prinzips auf dem intellektuellen Markt. Im Wesentlichen sind es aber alles Abkömmlinge von nur zwei Varianten: Während das schwache anthropische Prinzip damit zufrieden ist, dass das Universum zumindest in manchen Regionen die Existenz bewusster Beobachter überhaupt erlaubt, weil es einen passenden Rahmen bietet, stellt das starke anthropische Prinzip die Behauptung auf, dass dem Universum gar nichts anderes übrig geblieben ist, als ein intelligenzfreundliches Umfeld zu schaffen. Diese fordernde Egozentrik geht bei manchen Forschern, wie dem Physiker John Archibald Wheeler, so weit, dass er meint, das Universum würde erst dadurch erschaffen, dass ein Beobachter es betrachtet. Frei nach der Devise: Die Realität bin ich!

So unterschiedlich demütig oder größenwahnsinnig die einzelnen Versionen auch sein mögen, haben sie einige Gemeinsamkeiten, die eine ernsthafte Arbeit mit dem anthropischen Prinzip schwierig machen. Vor allem lässt es sich experimentell nicht überprüfen, solange wir keine eigenen Universen erschaffen können. Damit ist das Prinzip weder zu beweisen noch zu widerlegen. Lediglich unsere eigene Existenz bestätigt, dass es so ist, wie es ist – aber das wussten wir eigentlich auch schon vorher. Immerhin bietet die Bedingung, dass intelligentes Leben möglich sein muss, eine Art Filter für theoretische Berechnungen zur Entstehung des Kosmos, durch den alle Welten ohne Planeten und bewusstes Leben gleich in den Papierkorb wandern. Und das sind nicht wenige, denn die Mathematik der Kosmologen schert sich wenig um Philosophen, Päpste und Börsenmakler und spuckt auch überaus bizarre Weltmodelle aus. Außerdem sind alle anthropischen Prinzipien teleologisch, also zielorientiert. Statt von einer Anfangssituation auszugehen und dann anhand grundlegender Mechanismen zu sehen, wie sich die Dinge entwickeln, ist bei ihnen das Ziel vorgegeben, auf das die Welt mit allen Mitteln zusteuert. Auf diese Weise argumentieren üblicherweise Religionen, nicht aber die Wissenschaft. Und selbst wenn wir dieser Denkweise folgten, stellte sich sofort als Nächstes die Frage: Wieso gibt es eigentlich genau dieses Ziel? Wozu sind wir da, wenn unser Dasein so wichtig sein sollte?

Einen wirklichen Erkenntnissprung, warum die Naturkonstanten ihre tatsächlichen Werte haben und weshalb sie so genau zu einem Universum mit intelligentem Leben passen, hat uns das anthropische Prinzip bislang in keiner seiner Formen geliefert. Dafür hat es uns hunderte von klugen Fachartikeln und Büchern beschert. Und auch einige haarsträubende Verirrungen, für die der US-amerikanische Wissenschaftsjournalist Martin Gardner eine spezielle Bezeichnung geprägt hat: CRAP – für *Completely Ridiculous Anthropic Principle* („völlig lächerliches anthropisches Prinzip").

Aber noch immer bleibt die Frage, warum alles so wunderbar zusammenpasst.

Wer braucht schon eine Feinabstimmung?

Oder gibt es die mysteriöse Feinabstimmung am Ende gar nicht? Der Quantenphysiker und Nobelpreisträger Steven Weinberg rechnet beispielsweise für die Übereinstimmung bei der Synthese des Kohlenstoffs ein wenig anders als Fred Hoyle. Während Hoyle die Energien der Heliumkerne und des Kohlenstoffs vergleicht, zieht Weinberg als Maßstab die Zwischenstufe des Berylliumkerns heran, der kurzeitig entsteht, wenn zwei der drei Heliumkerne aus dem Drei-Alpha-Prozess verschmelzen. Der schärfere Blick auf den Reaktionsmechanismus wirkt sich dramatisch auf die Chancenverteilung aus. Statt auf weniger als ein Prozent genau sein zu müssen, kann sich das Energieniveau des Kohlenstoffs plötzlich eine Abweichung von 20 % erlauben. Von exakt zueinander passenden Werten ist auf einmal nichts mehr zu sehen.

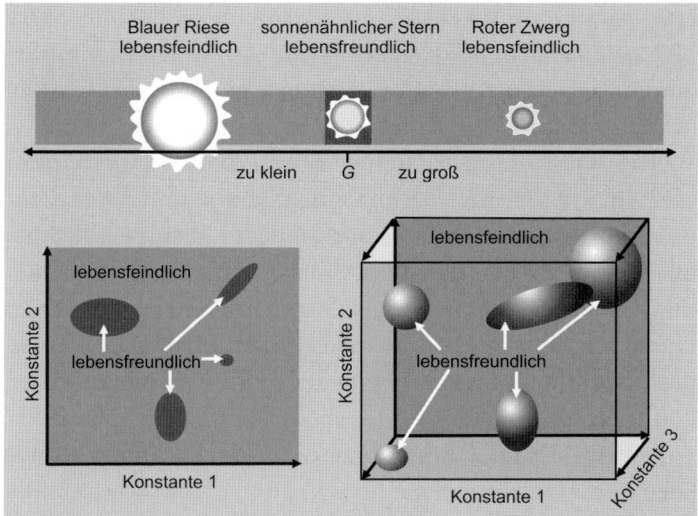

Abb. 2.1 Fein abgestimmt oder nicht? Betrachten wir nur verschiedene Werte für eine einzige Naturkonstante – beispielsweise die Gravitationskonstante *G* –, erscheint der Bereich eines lebensfreundlichen Universums sehr eng. Variieren wir mehrere Konstanten gleichzeitig, tauchen auf einmal neue Inseln auf, in denen Leben möglich wäre. (© Olaf Fritsche)

Der Zustand unseres Universums wird auch dann gewöhnlicher, wenn wir nicht an einer einzigen Naturkonstanten drehen, wie die meisten Wissenschaftler es bisher getan haben, sondern gleichzeitig an zwei, drei, vier oder noch mehr Werten (siehe Abb. 2.1). Verschiedene Forscher haben in Computersimulationen mit alternativen Universen experimentiert und überprüft, ob sie die Bildung von stabilen Atomen, schweren Elementen, komplexen Molekülen sowie langlebigen Sternen ermöglichen – alles Voraussetzungen für Leben. Fred Adams von der University of Michigan hat beispielsweise mit der Gravitationskonstanten, der Feinstrukturkonstanten und einer der Größen für Kernreaktionen gespielt und festgestellt, dass rund ein Viertel aller Kombinationen geeignete Bedingungen liefern würden, damit sich Sterne bilden können. An der University of Colorado ließ Victor Stenger gleich vier Größen über Spannen mit dem Faktor zehn Milliarden variieren und erhielt sogar in mehr als der Hälfte seiner simulierten Universen Sterne, die über eine Milliarde Jahre alt werden und damit potenziellem Leben genug Zeit zum Start geben konnten.

Universen sind häufig sogar dann noch sternenfreundlich, wenn wir ihnen eine fundamentale Kraft ganz entziehen. Roni Harnik von der Harvard University hat berechnet, was passieren würde, wenn beim Urknall die schwache Wechselwirkung vergessen worden wäre. Normalerweise ist diese Grundkraft dafür zuständig, dass sich Protonen und Neutronen ineinander umwandeln können und damit den Atomkern stabilisieren. Fehlt die schwache Wechselwirkung, reichen ein paar kleinere zusätzliche Modifikationen an den Abläufen zwischen den Elementarteilchen aus, und schon entsteht ein Universum, das bereits wenige Milliarden Jahre nach dem Urknall kaum von unserem Kosmos zu unterscheiden wäre.

Es sieht also ganz so aus, als sei die Wahrscheinlichkeit, in einem lebenswerten Universum zu existieren, gar nicht so gering. Zumindest theoretisch eignen sich überraschend viele der denkbaren Universen für intelligente Lebensformen. Allerdings haben die Simulationen einen Haken: Alles, was wir haben, sind nicht viele verschiedene Universen, sondern ein einziges Weltall. Oder etwa nicht?

Welches Universum hätten Sie denn gerne?

Wenn jemand nur einmal Lotto spielt und auf Anhieb sechs Richtige tippt, kann er kaum fassen, so viel Glück zu haben. Wer dagegen seit Jahrzehnten Woche für Woche einen Schein ausfüllt, ist überzeugt davon, dank seiner Beharrlichkeit ganz sicher eines Tages den Haupttreffer zu landen. Auf ähnliche Weise versuchen manche Wissenschaftler, die Lebensfreundlichkeit des Weltalls zu erklären, indem sie annehmen, dass es in Wirklichkeit nicht ein Universum gibt, sondern unendlich viele. In einem Multiversum, in dem jede Parallelwelt ihren ganz eigenen Naturkonstanten und -gesetzen folgt, muss es zwangsläufig hier und da die passenden Parameter für bewusste Wesen geben.

Die Idee der parallelen Universen hatte zuerst der amerikanische Physiker Hugh Everett III, als er 1956 in seiner Doktorarbeit an der Princeton University mit der unangenehmen Eigenschaft von Quantensystemen haderte, die gleichzeitig mehrere verschiedene Zustände einnehmen können, die sich dem gesunden Menschenverstand zufolge obendrein gegenseitig ausschließen müssten. Beispielsweise kann ein subatomares Teilchen nach den Regeln der Quantenphysik simultan sowohl linksherum als auch rechtsherum rotieren. Erst wenn jemand in einer Messung nachschaut, wie es sich dreht, entscheidet sich das Teilchen zufällig für eine Richtung. Everett interpretierte dieses Verhalten so, dass in Wahrheit beide Möglichkeiten real sind und jede in einem eigenen Universum Wirklichkeit ist. Natürlich muss es zusätzlich auch den neugierigen Forscher doppelt geben. In der einen Welt stellt er eine Teilchenrotation nach links fest, während sein Pendant in der Parallelwelt eine Rechtsdrehung verzeichnet.

Der russische Physiker Andrei Linde, der wichtige Beiträge zum Inflationsmodell des Universums (siehe Kap. 1) geliefert hatte, übertrug den Gedanken auf die Entwicklung des Kosmos. Er stellte fest, dass die rasend schnelle Expansion des Weltalls theoretisch dazu führen könnte, dass sich separate Bereiche bilden, die nicht mehr miteinander in Kontakt stehen und damit jeweils eigenständigen Universen entsprechen. Jede dieser Welten sollte in sich gleichförmig sein mit Naturgesetzen und -konstanten, die überall in ihr gültig sind. Allerdings könnten verschiedene Universen durchaus unterschiedliche Regelsätze besitzen.

Nachdem die Wissenschaftsgemeinschaft einige Jahre lang allenfalls abfällig schmunzelnd über das theoretische Modell der Multiversen gesprochen hatte, entwickelte sich die Idee in letzter Zeit zu einer regelrechten Modeerscheinung. Als würde ein Aufkleber mit einem angebissenen Apfel auf ihnen prangen, wollte plötzlich jeder Physiker ein eigenes Multiversum haben. Kaum eine Idee erschien zu abstrus, als dass sie sich nicht damit rechtfertigen ließ, in irgendeiner Parallelwelt würde es so etwas schon geben. Das machte es schwer für Kritiker wie den südafrikanischen Kosmologen George Ellis, der bemängelt, dass Multiversen zwar theoretisch viele ungeklärte Fragen beantworten können, aber vermutlich niemals in der Lage sein werden, mit einem praktischen Experiment ihre eigene Existenz zu beweisen. Weil die Parallelwelten völlig voneinander getrennt sind, werden sie für uns immer unsichtbar bleiben – und sind damit nicht mehr als eine philosophische Spekulation auf wissenschaftlicher Grundlage. Außerdem wäre es schon ein reichlich großer Aufwand, unzählige zusätzliche Welten zu postulieren, nur um zu erklären, warum in unserer einen Welt die Bedingungen für intelligentes Leben erfüllt sind. Traditionellerweise sucht die Wissenschaft immer nach der einfachsten Möglichkeit, ein Phänomen zu erklären. Und Sparsamkeit gehört nun wirklich nicht zu den Stärken der Multiversen.

Glücksfall Nummer Zwei: Das Universum gibt den richtigen Rahmen vor

Die Gegner der Multiversumstheorie halten es deshalb für wahrscheinlicher, dass hinter der Feinabstimmung der Naturkonstanten eine Gesetzmäßigkeit steckt, die wir nur noch nicht erkannt haben. Beispiele dafür sind in der Wissenschaftsgeschichte zur Genüge zu finden. So wusste vor Newton niemand, dass die Planeten durch dieselbe Gravitationskraft auf ihren Bahnen um die Sonne gehalten werden wie ein Apfel, der zu Boden fällt. Und erst Einstein führte in seiner Allgemeinen Relativitätstheorie die schwere Masse, über die wir uns beim morgendlichen Wiegen ärgern, mit der trägen Masse zusammen, die uns beim Kurvenfahren nach außen drückt. Vielleicht, so spekulieren manche Wissenschaftler, sind eben auch die scheinbar unabhängigen Naturkonstanten in Wirklichkeit nicht mehr als verschiedene Facetten des gleichen kosmischen Phänomens. Dann würden sie alle miteinander zusammenhängen und könnten gar nicht anders, als genau die Werte einzunehmen, die sie tatsächlich haben und die uns das Dasein ermöglichen.

Oder es ist noch einfacher. Vielleicht haben wir schlicht und einfach Glück gehabt wie der Lottospieler, der gleich bei seinem ersten Versuch den Jackpot knackt. Dann wäre es so, wie der Physikprofessor Edward Tryon vom Hunter College in Manhatten sagt: „Als Antwort auf die Frage, warum es passiert ist, denke ich, dass unser Universum einfach eines dieser Dinge ist, die ab und zu geschehen."

Und in diesem Universum geschah noch eine ganze Menge …

Wo Sie mehr erfahren

* alpha-Centauri: *Sind die Naturgesetze zufällig?*
  http://www.br.de/fernsehen/br-alpha/sendungen/alpha-centauri/alpha-centauri-naturgesetze-2001_x100.html
  Harald Lesch zur Frage, warum die Naturkonstanten so gut zueinander passen.
* John Barrow: *Das 1 × 1 des Universums – Neue Erkenntnisse über die Naturkonstanten.* Rowohlt Taschenbuch Verlag (2006)
  Ein genauerer Blick auf die Naturkonstanten, ihre Geschichte und Bedeutung.
* Alejandro Jenkins und Gilad Perez: *Leben im Multiversum.* Spektrum der Wissenschaft 5(2010)

Hier unser sportliches Modell: ein Universum ohne Gra-vitation und Reibung. I deal für Hochspringer und Schlittschuhläu-fer. Und bis Ende des Monats gibt es einen Satz Halteseile gratis dazu. (© Salome Hunziker)

Auch Universen mit anderen Naturkonstanten als unser Weltall bieten günstige Bedingungen für die Entstehung von Leben.

- Heinz Oberhummer: *Kann das alles Zufall sein – Geheimnisvolles Universum?* Ecowin Verlag (2008)
  Ein Überblick über die Theorien zur Entstehung und Entwicklung des Kosmos.
- Rüdiger Vaas: *Ist uns das Universum auf den Leib geschneidert?* Bild der Wissenschaft 8(2006)
  Allgemeinverständlicher Artikel zum Rätsel der Feinabstimmung.

3
Ein Platz an der Sonne – welche Sonne?

Wir leben in einem Secondhand-System, dessen Stern und Planeten zum Teil aus wiederverwerteten Atomen bestehen. Damit sich die Sonne und die Erde überhaupt bilden konnten, mussten vorhergehende Sterne schwere Elemente produzieren und in Explosionen freisetzen. Der Staub sammelte sich dann in einer Materiewolke, die vermutlich durch die Schockwelle einer nahen Supernova instabil wurde und zur Sonne kollabierte. Aus den Überresten formten sich schließlich die Planeten – darunter die Erde. Glück gehabt!

Als Erstes stießen die Wissenschaftler auf eine Leiche. Der Stern PSR B1257 + 12 war schon lange tot, als er in die Schlagzeilen geriet. Ausgerechnet um diese traurigen Überreste eines einst strahlenden Himmelsriesen hatte ein polnischer Astronom den ersten Planeten außerhalb unseres Sonnensystems entdeckt. Nicht, indem er ihn durch sein Teleskop erspähte, sondern anhand der Schwankungen, die der Planet bei seinem Muttergestirn hervorrief. Dabei durfte es diesen Planeten eigentlich gar nicht geben. In der Wissenschaftswelt war allgemein anerkannt, dass viel zu viele unwahrscheinliche Glücksfälle aufeinandertreffen mussten, als dass sich irgendwo in der Milchstraße ein zweites Planetensystem neben dem unseren hätte bilden können. Folglich durften keine sogenannten Exoplaneten existieren. Und schon gar nicht um einen Pulsar wie PSR B1257 + 12, dessen Leben als leuchtender Stern längst mit einer heftigen Explosion ein Ende gefunden hatte, bei der alle trotzdem eventuell vorhandenen Begleiter einfach verdampft und weggepustet worden wären.

Doch Aleksander Wolszczan sah Anfang der 1990er Jahre keine andere Erklärung für die Messdaten, die er mit dem riesigen Radioteleskop von Arecibo in Puerto Rico aufgenommen hatte. Pulsare verdanken ihren Gattungsbegriff den Radiopulsen, die sie aussenden und die unsere Erde streifen wie der Lichtkegel eines Leuchtturms ein weit draußen liegendes Schiff. Für gewöhnlich geschieht dies mit der Präzision eines pensionierten Mathematiklehrers, doch PSR B1257 + 12 schien einen leichten Schluckauf zu haben. Seine Signale kamen so regelmäßig unregelmäßig, dass es dafür irgendeinen zuverlässig störenden Grund geben musste: einen Planeten, der an dem Pulsar zerrte. Oder besser gleich zwei, vermutlich sogar drei Planeten, die jeweils etwa das Dreifache der Erdmasse auf die Waage brachten – wenn Wolszczans Pulsar schon gegen alle Regeln der Planetologie verstieß, dann machte er es gleich richtig. Aber der Astronom hatte seine Daten mehrfach so sorgfältig überprüft, dass auch seine Kollegen im Januar 1994 zugeben mussten, dass diese unmögliche Erklärung die einzig richtige war. Fortan stand fest: Es gibt also tatsächlich Planeten außerhalb des Sonnensystems. Und sogar an einem Ort, für den die Liste der Risiken und Nebenwirkungen so tödliche Punkte wie Sprengung, Verstrahlung und extreme Schwerkraft aufführte.

Aber Wolszczan hatte neben den unerwarteten Planeten auch eine einleuchtende Theorie für deren Entstehung parat. Danach hatte der Pulsar mit seiner Anziehungskraft einen zweiten Stern zerfetzt, aus dessen Überresten sich die Planeten geformt hatten. Ein eher ungewöhnlicher Mechanismus, der für Sterne in ihrer leuchtenden Lebensphase kaum infrage käme. Gleichzeitig macht er aber deutlich, dass im Universum die Geburt eines Himmelskörpers immer den Tod eines anderen voraussetzt. Im Kosmos wird eben alles wiederverwertet. Auch unsere Sonne und Erde entstammen dem galaktischen Recyclingzyklus. Womit wir in einem schlichten Planetensystem aus zweiter Hand leben, das allen neueren Beobachtungen zufolge schnöder Durchschnitt ohne irgendwelche Besonderheiten ist.

Strahlende Pioniere

Irgendwann muss der Kreislauf von Sternen und Planeten aber seinen Anfang genommen haben. Astronomen schätzen, dass der Startschuss rund 400 Mio. Jahre nach dem Urknall gefallen ist. Damals entstand im Universum die erste Generation von Sternen. Aus wenig mehr als nichts, denn an Material standen dafür nur Wasserstoff- und Heliumatome zur Verfügung, die in Form großer Gaswolken den Raum durchzogen. Entscheidend war, dass die Materie wegen der Dichteschwankungen während der Inflationsphase (siehe Kap. 1) ungleichmäßig verteilt war. So konnten auch die Gaswolken Schlieren und Klumpen formen, die sich unter dem Einfluss der eigenen Schwerkraft allmählich weiter verdichteten. Weil durch die zunehmende Kompression immer wieder Wasserstoffatome zusammenstießen, wurde bei der Gelegenheit gleich die Chemie erfunden, und es bildeten sich die ersten Moleküle, die allerdings lediglich aus jeweils zwei fest verbandelten Wasserstoffatomen bestanden. Immerhin strahlten diese Moleküle ein wenig von der Hitze ab, die bei der Reaktion entstanden war, sodass die Temperatur im Zentrum der Wolken um 0 Grad Celsius gelegen hat – für kosmische Verhältnisse schön mollig warm. Die ständigen Zusammenstöße und die unaufhörliche Gravitationskraft sorgten außerdem in den äußeren Bereichen dafür, dass sich die Gasansammlungen zu Scheiben abflachten und anfingen, um die Mitte der Wolke zu rotieren.

Da Wasserstoff und Helium als einzige Bauelemente chemische Leichtgewichte sind, waren ungeheure Mengen von ihnen notwendig, damit überhaupt ausreichend Masse für eine kollabierende Wolke zusammenkam. In Computersimulationen mussten die Gase das 500- bis 1000-Fache der Sonnenmasse aufbringen, um schließlich Sterne zu bilden. Langsam, aber unaufhaltsam verdichtete sich das Material, bis irgendwann die Grenze überschritten war, ab der es im Zentrum so heiß und eng wurde, dass die Kernfusion von Wasserstoff zu Helium starten konnte – die ersten Sterne hatten gezündet.

Das Leben dieser Pioniere war kurz, aber heftig. Zunächst setzten sie ihren Wasserstoff zu Helium um. Dabei wurden ungeheure Energiemengen frei, die auf der Sternenoberfläche Temperaturen von 100 000 °C hervorriefen, was gut 17-mal heißer als auf der Sonne ist und den Fusionsprozess noch weiter antrieb. Der nach außen gerichtete Strahlungsdruck war nun genauso stark wie der nach innen gerichtete Gravitationsdruck, sodass die Gaskugeln nicht weiter schrumpften. Bei dem enormen Tempo der Fusion ging den Sternen jedoch bereits nach ein paar Millionen Jahren der Wasserstoff aus. Ohne Kernverschmelzung fiel aber auch der Widerstand gegen die Schwerkraft weg, und die Sterne kollabierten erneut. Durch den Zusammenbruch stiegen die Temperaturen im Inneren wieder an, und abermals setzten Kernfusionsreaktionen ein, bei denen dieses Mal Helium das Ausgangsmaterial bildete. Neben Kohlenstoff, dessen Synthese wir in Kap. 2 untersucht haben, entstanden in mehreren Abfolgen von Fusionen und Kompressionen zahlreiche weitere schwere Elemente bis hin zum Eisen. Jede Phase lieferte dabei weniger Energie und war kürzer als die Fusionsreaktion vor ihr. Die Synthese von Eisen lief schließlich innerhalb von Stunden bis einigen Tagen vollständig ab. Dann war Schluss. Noch schwerere Elemente als Eisen ließen sich durch Verschmelzungsreaktionen nicht erzeugen, denn jenseits von Eisen verbraucht die Fusion von Atomkernen Energie, statt sie zu freizusetzen. Die Lebenszeit des Sterns war abgelaufen.

Er kollabierte nun endgültig.

Eine fruchtbare Explosion

Bei Riesensternen, wie sie in der ersten Generation zu erwarten waren, dauerte es nur Millisekunden, in denen der zentrale Bereich nach dem Ausbrennen in sich zusammenfiel. In dieser kurzen Zeit überschlugen sich die Ereignisse und rissen schließlich den Stern in einer gewaltigen Supernova auseinander.

Zunächst quetschte die unvorstellbare Gravitationskraft einer derart komprimierten Masse die Atombausteine im Zentrum bis an die Grenze des Denkbaren zusammen oder besser: bis an die Grenze des theoretisch Berechenbaren. Elektronen und Protonen verschmolzen unter dem Druck zu Neutronen, die sich so gepackt aneinander drängen, dass die nachfolgenden Teilchen keinen Platz fanden und mit Schwung abprallten. Schockwellen nach innen und nach außen durchliefen den Stern, überlagerten sich und pressten seine Schichten zusammen. Dabei stiegen die Dichte und die Temperatur in manchen Regionen über die Werte an, die während der Kernfusionsphasen geherrscht hatten. Für kurze Zeit reichte die Energie aus, um jetzt doch Elemente jenseits von Eisen zu bilden. Unter anderem entstanden riesige Mengen von Kupfer, Silber, Gold und Uran – ein wahres Eldorado für Schatzsucher, hätte nicht der große Knall nun unmittelbar bevorgestanden.

Mit der Synthese der schweren Elemente kamen die Stoßwellen nämlich keineswegs zum Erliegen. Sie bahnten sich weiter ihren Weg nach außen und erreichten nach einigen Stunden die Oberfläche. Hier gab es keine Kraft, die nach innen drückte, und so explodierte der Stern mit voller Wucht. Mit mehreren Millionen Kilometern pro Stunde schleuderte er die frisch gebildeten Atome ins All. Ihnen voran flogen Neutrinos, die annähernd Lichtgeschwindigkeit erreichten und damit dicht hinter der intensiven Strahlung folgten. Die Supernova war so hell, dass sie alle anderen Sterne ihrer Galaxie bei Weitem überstrahlte und sogar in benachbarten Systemen als auffälliger Lichtpunkt am Himmel zu sehen war.

Während sich die Hülle des Sterns mit dieser kosmischen Lichtshow in die weite Umgebung verteilte, kollabierte der Kern aufgrund seiner unvorstellbaren Masse weiter. Er scherte sich inzwischen wenig um die Gesetze der Quantenphysik, nach denen seine Neutronen einen minimalen Abstand zueinander halten müssten. Stattdessen fiel der Rest des Sterns unaufhaltsam in sich zusammen und schaufelte damit sein eigenes Grab – ein Schwarzes Loch, in dessen Zentrum die Dichte der Materie so groß wird, dass wie in der Anfangsphase des Urknalls die bekannten Naturgesetze ihre Gültigkeit verlieren. Wie beim Urknall retten sich die Astrophysiker damit aus der Affäre, dass sie diesen unvorstellbaren und unberechenbaren Zustand als eine Singularität bezeichnen. Wohl wissend, dass sie eigentlich fast nichts wissen. Denn ein Schwarzes Loch ist der ultimative Traum eines jeden Geheimdienstes: Aus ihm dringt absolut keine Information nach außen. Nicht einmal das Licht schafft es, der Gravitationskraft der Singularität zu entkommen. Und so entwickeln sich teilweise wilde Spekulationen. Beispielsweise vermuten manche Wissenschaftler, dass die Bildung eines Schwarzen Lochs in unserem Universum den Urknall für ein neues Paralleluniversum darstellt. Das Schwarze Loch als Ende und Anfang zugleich. Eine von mehreren Ideen, die wir wohl niemals überprüfen können, denn zumindest so viel ist sicher: Der Weg in ein Schwarzes Loch hinein wäre für jeden Astronauten und jede Raumsonde eine todsichere Einbahnstraße.

Viel ungefährlicher ist es dagegen, sich mit den Gleichungen der Physik dem Schwarzen Loch zu nähern. Allerdings setzt die Weisheit der Formeln erst in einigen Tausend Kilometern Entfernung zur Singularität wieder ein. Je größer die Distanz zum Zentrum ist, umso schwächer wird dessen Anziehungskraft. Ab einer gewissen Grenze, die Physiker als Ereignishorizont bezeichnen, reicht die Energie des Lichts endlich aus, um der Falle zu entfliehen. Es verliert bei dieser Anstrengung aber einen großen Teil seiner Energie und wird zum roten Ende des Spektrums verschoben. Die Morsezeichen eines vorwitzigen Experimentalphysikers, der sich mit einem blauen Laser immer weiter an den Ereignishorizont heranwagt, kämen bei uns also als grüne, orange und schließlich rote Lichtblitze an. Noch bizarrer wäre es, wenn wir auf die Uhr des Forschers sehen könnten. Mit seiner gigantischen Gravitationskraft krümmt das Loch nämlich nicht nur den Raum, sondern es verlangsamt auch die Zeit. Von der Erde aus sähe es so aus, als würde der Sekundenzeiger immer träger ticken und schließlich in dem Moment, in welchem der Forscher exakt den Ereignishorizont erreicht hat, sogar vollständig stehen bleiben. An dieser Stelle ist die Zeit gewissermaßen eingefroren, und wir würden niemals sehen, wie unser Held in das Schwarze Loch hineinfällt. Für den todgeweihten Wissenschaftler liefe die Zeit hingegen bis zum bitteren Ende ganz normal weiter. Aus seiner Perspektive geschieht am Ereignishorizont überhaupt nichts Besonderes – wenn wir mal davon absehen, dass er keine noch so geringe Chance hätte, ihn jemals in der umgekehrten Richtung zu überschreiten. Schwarze Löcher können tückische kleine Monster sein.

Von alldem bekam die Materie, die bei der Supernova ins All geschossen wurde, aber nichts mit. Sie war unterwegs, um neue Sterne zu bilden, die dieses Mal ein gutes Stück kleiner und dafür langlebiger als die Sterne der ersten Generation waren.

Aus alt macht neu

Der Staub aus der Supernova eines sterbenden Sterns vermischte sich mit den Gaswolken der näheren und weiteren Umgebung und reicherte sie dadurch mit schweren Elementen an. Die Sterne der nachfolgenden Generation starteten deshalb mit einer etwas anderen Zusammensetzung als die Pioniere. Trotzdem verlief ihre Geburt im Wesentlichen nach dem gleichen Schema. Doch obwohl sie nicht einmal ein Prozent der Wolke ausmachten, wirkten diese schweren Elemente und Moleküle bei der Sternentwicklung als höchst potente Sternenbildungsbeschleuniger. Sie sorgten dafür, dass sich die Wolken schneller kontrahieren konnten und bereits viel geringere Mengen an Material ausreichten, um einen erfolgreichen Kollaps auszulösen. Trotzdem gehörte eine gehörige Portion Glück dazu, damit die geimpfte Wolke neue Sterne gebar. Neben der richtigen Mischung aus Staub und Gas war nämlich noch der passende Anstoß nötig, um die Teilchen aus ihrer Lethargie zu reißen, und der konnte nur von außen kommen. Die Druckwelle einer weiteren Supernova war beispielsweise gut geeignet, um die Kette der Ereignisse in Gang zu setzen (siehe Abb. 3.1).

So war es vermutlich auch bei der Urwolke, die sich vor rund 4,6 Milliarden Jahren in der Milchstraße erstreckt hat. Die Druckwellen von einer oder mehreren Supernovae in der Nachbarschaft sorgten dafür, dass ihr Material begann, sich in Globulen genannten Regionen zu konzentrieren. Ein Vorgang, der alleine in unserem Sternensystem unzählige Male ablief und in manchen Regionen wie dem Orionnebel auch heute noch stattfindet. Dennoch war es dieses Mal eine besondere Scheibe, die in einem der Globule rotierte. Es war

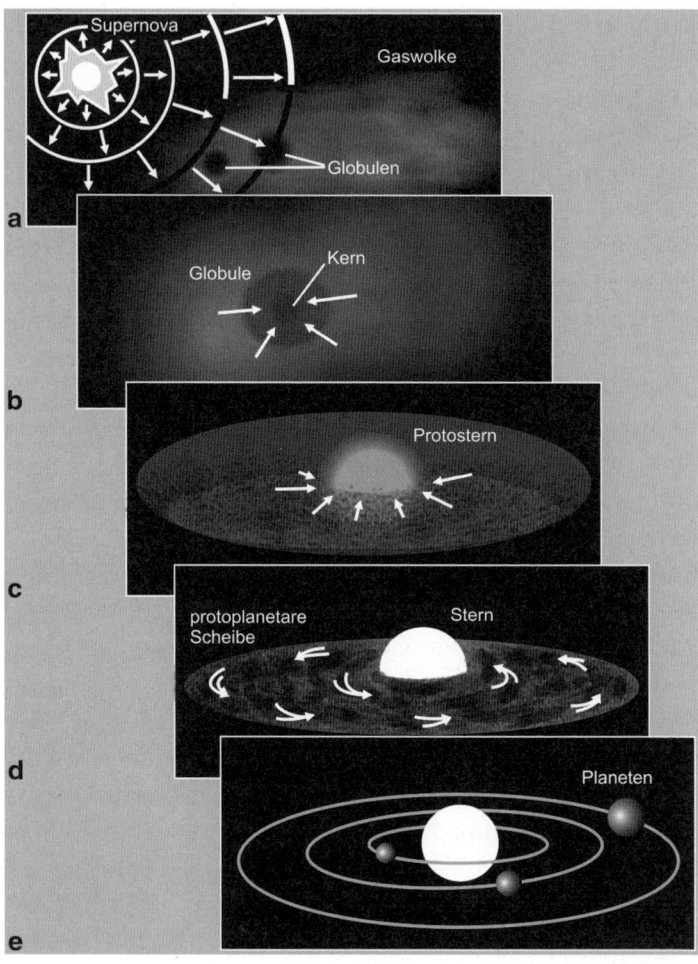

Abb. 3.1 Die wichtigsten Schritte auf dem Weg zum Planetensystem. Die Schockwelle einer Supernova verdichtet das Material in einer nahen Gaswolke. Es entstehen zahlreiche Globulen. **a** In den Globulen kollabieren Staub und Gas durch ihre eigene Gravitationskraft. Es bilden sich prästellare Kerne aus, die mehr Material

der Sonnennebel, in dem endlich ein kleiner, durch und durch mittelmäßiger neuer Stern erstrahlte: unsere Sonne.

Obwohl die Sonne bei ihrer Geburt in typischer Sternenmanier gierig war und über 99 % der gesamten Masse in sich vereinte, hatte sie nicht alle Materie geschluckt. Ein kleiner Teil von etwa 0,2 % war übrig geblieben und stand für weitere Projekte zur Verfügung. Als protoplanetare Scheibe oder Akkretionsscheibe umkreisen die Reste ihren taufrischen Mutterstern, wobei zunächst jedes Teilchen für sich blieb. Doch das sollte sich innerhalb der nächsten zehn Millionen Jahre ändern. Immer wieder kam es zu zufälligen kleinen Kollisionen, bei denen die Atome und Moleküle chemisch miteinander reagierten und schrittweise anwuchsen. Nach und nach erreichten sie so Durchmesser im Bereich von Mikrometern, Millimetern, Zentimetern und Metern. Sobald sie groß wie Berge waren, reichte ihre Gravitationskraft aus, um sich gegenseitig anzuziehen. Als sogenannte Planetesimale nahmen sie Ausmaße von Hunderten und Tausenden Kilometern an. Und wurden zu Planeten.

Dicht an der Sonne entstanden so die Gesteinsplaneten Merkur, Venus, Erde und Mars. In größerer Entfernung,

---

Abb. 3.1 (Fortsetzung) anziehen. **b** Der Kern verdichtet sich weiter zu einem Protostern, auf den unablässig neue Materie einfällt. **c** Sobald der Protostern genug Material angesammelt hat, zündet in seinem Inneren die Fusion von Wasserstoff zu Helium, und er wird zum jungen Stern. In der übrig gebliebenen protoplanetaren Scheibe kollidieren Staub- und Gasteilchen und wachsen zu berggroßen Planetesimalen heran. **d** Die Planetesimale vereinigen sich schließlich zu den inneren Gesteinsplaneten. Auf welche Weise die Gasriesen, die sich weiter außen befinden, aus der protoplanetaren Scheibe hervorgehen, ist bis heute nicht ganz geklärt. (© Olaf Fritsche)

wo es kühler war, wuchsen die Gasriesen Jupiter und Saturn aus gefrorenem Wassereis und Gestein heran, um danach im großen Maßstab Wasserstoff- und Heliumgas aus der protoplanetaren Scheibe anzusammeln. Wenigstens vermutet der größte Teil der Astronomen, dass es sich auf diese Weise zugetragen hat. Andere Forscher meinen hingegen, die beiden Planeten wären den direkteren Weg gegangen und ähnlich wie die Sonne aus dem Kollaps von Gas und Staub entsprungen, sodass sie von Beginn an einen festen Kern und eine dicke Gashülle besaßen. Vermutlich wird die Klärung dieser Frage in Zukunft noch einige Nachwuchswissenschaftler ernähren. Ebenso wie die Entstehung der Eisriesen Uranus und Neptun, die noch weiter außen um die Sonne wandern und von einem nicht ganz so dicken Gasmantel umgeben sind. Bei ihnen ist zudem der Anteil an Wasser, Ammoniak und Methan größer als bei Jupiter und Saturn. Irgendwann waren jedenfalls alle Planeten fertig, und die letzten Überbleibsel zogen als Asteroiden oder Kuipergürtelobjekte ihre Bahnen zwischen Mars und Jupiter beziehungsweise jenseits des Neptuns.

Unser Sonnensystem ist also ein wohlsortiertes Miteinander, in dem auch Querläufer wie die Kometen ihren Platz finden und es nach einer anfänglichen Sturm- und Drang-Phase nur noch gelegentlich zu kleineren oder größeren Zusammenstößen kommt (siehe Kap. 5). Alles erscheint ordentlich und läuft nach festen Regeln ab. Wenn es überhaupt irgendwo in der Milchstraße hier oder da ein weiteres Planetensystem geben sollte, dann müsste es mit Sicherheit ganz ähnlich aussehen. So viel schien sicher.

Bis ein schweizerischer Astronom 1995 den ersten Planeten entdeckte, der einen sonnenähnlichen Stern umkreist

– und unser so sicher geglaubtes Wissen von den Planeten über den Haufen warf.

Gegen alle Regeln

Auf den ersten Blick wirkt der Genfer Astronomieprofessor Michel Mayor gar nicht wie ein Revolutionär und Entdecker neuer Welten. Mit Brille und Vollbart macht er eher den Eindruck eines gutmütigen Erdkundelehrers, der keiner Theorie ein Härchen krümmen könnte. Trotzdem brachte Mayor am 6. Oktober 1995 im italienischen Florenz mit einem einzigen Vortrag ganze Gedankengebäude zum Einstürzen und stieß zugleich die Tür zu einer neuen astronomischen Disziplin auf, die seitdem auf der ganzen Welt immer wieder Schlagzeilen macht. „Die Woche nach der Konferenz war wie verrückt", erinnert sich Mayor auf seiner Website. Nicht nur die Fachwelt überschlug sich regelrecht vor Aufregung, auch die Medien konnten nicht genug kriegen, von dem ersten „echten" Planeten außerhalb unseres Sonnensystems. Nur zu gerne waren Wolszczans Pulsar-Planeten, die wir am Anfang des Kapitels kennengelernt hatten, vergessen. Zu exotisch, zu skurril, zu steril waren sie, sodass sich kaum ein Astronom wirklich mit ihnen anfreunden mochte.

Dagegen wirkte 51 Pegasi b, wie Mayors Planet im wenig poetischen Astronomenjargon heißt, irgendwie warm und auf Anhieb seltsam vertraut. Obwohl eigentlich herzlich wenig von ihm bekannt war, und das, was man wusste, allen sorgsam erlernten Regeln der Himmelsmechanik widersprach. Nicht einmal ein Foto gab und gibt es von dem

Planeten, denn für direkte Aufnahmen kreist er viel zu nah um seinen Heimatstern. Gerade einmal 7 Millionen Kilometer ist er von ihm entfernt – weniger als ein 20-stel der Erdumlaufbahn und damit sechsmal dichter als der innerste Planet des Sonnensystems, Merkur, an der Sonne. Anders als Merkur ist 51 Pegasi b aber kein planetarer Winzling, sondern hat annähernd die halbe Masse des Jupiters, des schwersten Planeten im Sonnensystem. Und damit begannen die Probleme. Nach den aktuellen Modellen zur Planetenentstehung konnte der Planet nicht dort sein, wo er war, weil es in solch unmittelbarer Nähe zum Stern nicht genug Material für ihn gab. Wie aber war 51 Pegasi b dann auf diese Bahn gekommen, wenn er dort nicht geboren worden war? Wer sollte an solch einen abstrusen Planeten glauben?

Sieben Tage später glaubte es die ganze Welt. Michel Mayor und sein Doktorand Didier Queloz hatten ihre Messungen mit typisch schweizerischer Genauigkeit vorgenommen, und so reichte zwei US-amerikanischen Teams eine knappe Woche, um die Daten zu bestätigen. Weil der Planet vom Mutterstern 51 Pegasi überstrahlt wird und deshalb nicht direkt zu sehen ist, konzentrierten sich die Wissenschaftler wie schon vor ihnen Mayor auf diesen Stern. 51 Pegasi ist 50 Lichtjahre von der Erde entfernt und ähnelt einer etwas älteren Schwester der Sonne. Ein vollkommen durchschnittlicher und langweiliger Stern also, den nur eine Besonderheit auszeichnet: Er wackelt mit einer Geschwindigkeit von 59 Metern pro Sekunde auf einer Kreisbahn herum. Und zwar auffallend regelmäßig. Für einen vollen Schwingungszyklus benötigt 51 Pegasi 4,2 Tage. Auf der Erde ist diese Bewegung mithilfe sogenannter Spektrographen als leichte Veränderung der Farbe des Sternenlichts festzustellen. Kommt der Stern auf die Erde zu, verschiebt sich sein Licht leicht ins Blaue, entfernt er sich, wird es ein wenig rötlicher. Verantwortlich dafür ist der Doppler-Effekt, der auch bei einem vorbeifahrenden Krankenwagen mit Martinshorn die Sirene zuerst höher und dann tiefer erscheinen lässt. Bei 51 Pegasi konnte es nur einen Grund für das Pendeln geben: ein ziemlich großer Planet, der mit seiner Schwerkraft an dem Stern zieht.

Verwundert und verzückt akzeptierte die Fachwelt das Unglaubliche. Und machte sich enthusiastisch an die Arbeit, weitere Planeten um andere Sterne aufzuspüren.

Allerweltswelten

51 Pegasi b war nur der Anfang. Inzwischen jagen Astronomen nicht nur mit der Radialgeschwindigkeitsmethode, die das Wackeln eines Sterns beobachtet, nach Planeten, sondern unter anderem auch mit dem Transitverfahren, bei dem sie die Veränderungen in der Helligkeit des Sterns vermessen, wenn ein Planet vor ihm vorüberzieht. Sogar die ersten Fotos von Planeten außerhalb des Sonnensystems – sogenannten Exoplaneten – gibt es, auch wenn auf ihnen nicht mehr als ein paar hellere Pixel ohne Struktur zu erkennen sind. Um die 1000 Einträge umfasst die Liste der nachgewiesenen und bestätigten Exoplaneten bislang, alleine Mayor und sein Team haben mehr als 200 Exemplare gefunden. Manche Observatorien, wie das Weltraumteleskop Kepler, haben sogar so viele Sterne vermessen, dass die Astronomen noch Jahre mit der Auswertung der Daten beschäftigt sein werden.

Und es ist für jeden Geschmack etwas dabei. Neben den „heißen Jupitern", wie 51-Pegasi-b-ähnliche Gasriesen in sternennahen Umlaufbahnen genannt werden, kennen wir auch Gesteinsplaneten, die ein Vielfaches der Erdmasse in sich vereinen oder wie Kepler-37 b nur wenig größer als der Mond sind. Wir wissen von Planetensystemen, die mindestens sechs Planeten haben (Kepler-11) und solchen, die gleich zwei Sterne umkreisen (Kepler-47). Sogar unser direkter kosmischer Nachbar Alpha Centauri in 4,4 Lichtjahren Entfernung wird wahrscheinlich von einem Planeten mit 1,1 Erdmassen begleitet.

Die Fülle an unterschiedlichen Beispielen schlägt sich auch in den Theorien zur Entwicklung der Systeme nieder. Beispielsweise nehmen Astronomen heute an, dass die „heißen Jupiter" zuerst in sicherem Abstand zu ihrem Stern entstehen und erst später auf diesen zuwandern. Ein kompliziertes Wechselspiel mit dem Gas der Wolke stabilisiert rechtzeitig ihren Orbit, bevor sie ganz in den Stern fallen. Insgesamt rechnen Wissenschaftler in werdenden Planetensystemen mit einem reichlich chaotischen Ablauf, bei dem schon kleine Unterschiede in den Ausgangsbedingungen drastisch unterschiedliche Entwicklungen auslösen können, sodass der eine Stern einen reichen Planetensegen erlebt und ein anderer ganz ohne Begleiter auskommen muss.

Im Schnitt hat aber vermutlich jeder Stern der Milchstraße mindestens einen Planeten (siehe Abb. 3.2). Zu diesem Ergebnis ist unter anderem das Team um Arnaud Cassan vom Institut d'Astrophysique de Paris nach einer statistischen Auswertung mehrerer Datenbanken mit astronomischen Beobachtungsdaten gekommen. Planeten sind also keineswegs die Ausnahme, sondern der stellare Normalfall. Alleine in der Milchstraße dürfte es einige Dutzend Milliarden von ihnen geben. Wahrscheinlich bestehen die meisten vorwiegend aus Gestein, wie Merkur, Venus, Erde und Mars. Bei so vielen

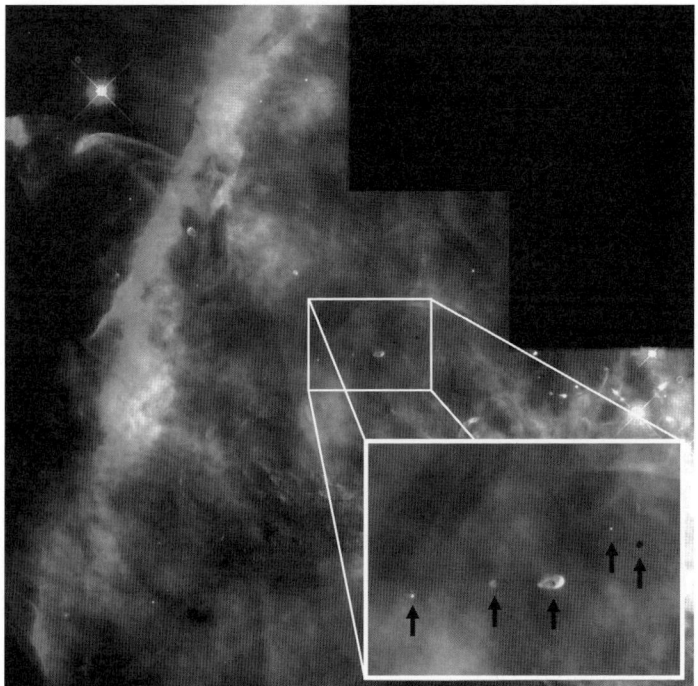

Abb. 3.2 Im 1500 Lichtjahre entfernten Orion-Nebel entstehen noch heute Sterne. Im Ausschnitt von dieser Aufnahme des Hubble-Teleskops sind fünf junge Sterne mit protoplanetaren Scheiben aus Staub und Gas zu sehen, aus denen sich gerade Planeten bilden könnten. © C.R. O'Dell/Rice University; NASA (verändert)

Chancen müsste die kosmische Glücksgöttin schon ziemlich schlechte Laune gehabt haben, wenn es da draußen nicht irgendwo eine zweite, dritte und vierte Erde geben sollte. Vielleicht stellt sich sogar heraus, dass die Erde so etwas wie das Standardmodell unter den Planeten ist – und wir mal wieder einen soliden Durchschnittsplatz im Universum einnehmen.

Glücksfall Nummer Drei: Sonne und Erde sind entstanden

Auf jeden Fall haben wir mit unserem Sonnensystem erneut Glück gehabt. Weil die ersten Sternengenerationen ausreichend schwere Elemente für eine langlebige Sonne mitsamt Planetensystem erbrütet haben. Weil eine Supernova in der Nachbarschaft den Startschuss für die Verdichtung der Urwolke gegeben hat, mit der die Geburt der Sonne und ihrer Planeten eingeleitet wurde. Weil nicht eine zweite Supernova alles wieder vernichtet hat. Und weil am Ende eine Reihe von Gesteinsplaneten auf stabilen Umlaufbahnen entstanden ist. Wie wir inzwischen herausgefunden haben, kommt dieses Glück zum Glück öfter vor im Universum, denn anscheinend hat fast jeder Stern, der etwas auf sich hält, eine hübsche Sammlung von Planeten. Doch nicht jeder Planet ist dafür geschaffen, Leben zu entwickeln. Dazu bedarf es einer weiteren Portion Glück, wie wir im folgenden Kapitel sehen werden.

Wo Sie mehr erfahren

* Florian Freistetter: Die wunderbare Welt der Exoplaneten
  http://scienceblogs.de/astrodicticum-simplex/2013/04/07/
  die-wunderbare-welt-der-exoplaneten-die-komplette-serie/
  Ein siebenteiliger Blog über die Suche nach Planeten um fremde Sterne und was man bisher gefunden hat.

„Der Bebauungsplan für diesen Sektor liegt seit acht Milliarden Jahren im kosmischen Katasteramt aus. Heute um 11 Uhr wird die Supernova gezündet – Basta!" (© Salome Hun-ziker)

- Thomas Henning: *Aus Staub geboren.* Spektrum der Wissenschaft 6(2013)
  Die aktuelle Sicht auf die Entstehung von Planeten.
- Markus Pössel: *Astronomisches Grundwissen* (2013)
  http://www.scilogs.de/wblogs/blog/relativ-einfach/astronomie/2013-01-23/astronomisches-grundwissen-1
  Ein verständlicher Onlinekurs zu allen aktuellen Themen der Astronomie.
- *Jagd nach anderen Welten*
  http://www.snf.ch/D/NewsPool/Seiten/sciencesuisse_mayor_queloz_281208.aspx
  Dokumentarfilm über die Arbeit der schweizerischen Astronomen, die den ersten Planeten um einen sonnenähnlichen Stern entdeckt haben.

4

In gebührender Distanz

Das Leben ist anspruchsvoll, und der Mensch ist es erst recht. Deshalb eignet sich nicht jeder steinige Planet als Brutstätte für Ein- und Vielzeller. Nur innerhalb der habitablen Zone um seinen Stern kann ein Planet flüssiges Wasser bieten und weitere Bedingungen erfüllen, die Leben, wie wir es kennen, an seine Umwelt stellt. Doch nicht nur der Abstand zur Sonne muss passen, auch das Zentrum der Milchstraße muss in der richtigen Entfernung liegen. Und obendrein müssen alle Systeme noch im richtigen Alter sein. Die Erde erfüllt alle diese Kriterien. Glück gehabt!

Frank Drake hatte nie das Gefühl, alleine zu sein. Im Gegenteil: Der Präsident des SETI-Instituts, das mit Radioteleskopen nach Anzeichen für außerirdische Intelligenz sucht, war schon immer der Überzeugung, dass es zahlreiche bewohnte Welten in unserer Milchstraße gibt. Die Fragen waren nur, wie viele es sind und wo sie zu finden wären. Um wenigstens einen groben Anhaltspunkt zu haben, mit welcher Menge kosmischer Nachbarn wir in etwa rechnen könnten, stellte er im November 1961 die sogenannte Drake-Gleichung vor. In ihr führte er alle relevanten astronomischen Parameter zusammen und erhielt als Ergebnis die wahrscheinliche Anzahl von Zivilisationen, die die Techniken entwickelt haben, um im Prinzip mit uns kommunizieren zu können. Dadurch erlangte die Drake-Gleichung eine Art Kultstatus unter professionellen Astrobiologen und ernsthaften Amateurforschern wie auch bei eher spirituell ausgerichteten Alienfreunden. Das Problem mit der Drake-Gleichung ist nur: Wir kennen bloß für wenige der vielen Parameter einigermaßen zuverlässige Werte. Bei den anderen sind wir auf mehr oder weniger willkürliche Abschätzungen und Pi-mal-Daumen-Daten angewiesen.

Teilweise kann sich Drakes Formel noch auf einigermaßen harte Fakten stützen. Sie enthält zum Beispiel die mittlere Rate, mit der in unserer Galaxie Sterne entstehen und die nach Beobachtungen mit dem Hubble-Teleskop zwischen 4 und 19 Sterne pro Jahr liegen dürfte. Außerdem findet sich der Anteil der Sterne mit einem Planetensystem in der Gleichung. Wie wir im vorigen Kapitel gesehen haben, könnten womöglich nahezu alle Sterne diese Bedingung erfüllen. Allerdings ist längst nicht jeder Planet dafür geeignet, Leben hervorzubringen. Er muss seinen Stern schon im richtigen Abstand umkreisen. Bloß, was der richtige Abstand ist, das ist nicht so einfach zu sagen. Drake genügte dafür ein simpler Faktor, während wir uns in diesem Kapitel etwas mehr Mühe geben und genauer hinsehen werden. Mit der Anzahl der Planeten in der sogenannten habitablen Zone beginnen jedenfalls die großen Unwägbarkeiten von Drakes Gleichung. Gleichzeitig ist dieser Parameter der letzte Bestandteil, für den Astronomen vielleicht schon bald eine passable Abschätzung anstellen können. Bei den Anteilen der Planeten mit Leben, mit intelligentem Leben und mit kommunikationsfreudigen Spezies sowie der Lebensdauer einer technischen Zivilisation, die alle ebenfalls für die Berechnung der Gleichung nötig sind, werden sie vermutlich auf wildes Raten angewiesen sein, bis eines Tages der Warp-Antrieb erfunden ist oder wir Kontakt zu einer Spezies aufgenommen haben, die über eine entsprechende Statistik verfügt.

Und so erhalten Optimisten mit Drakes Formel komfortable 300 technische Zivilisationen in der Milchstraße, während Pessimisten allenfalls einen einzigen Planeten mit intelligenzbegabten Wesen zugeben: die Erde.

Lebensspendendes Nass

Die entscheidende Rolle bei der Suche nach dem richtigen Abstand spielt ein Molekül, das so simpel wie rätselhaft ist. Vermutlich ist Wasser die einzige chemische Verbindung, deren Formel selbst bekennende Wissenschaftsabstinenzler auswendig kennen: H_2O. Dennoch stecken in den drei Atomen besondere Eigenschaften, ohne die Leben, wie wir es kennen, nicht möglich wäre.

Da ist zum einen die Besonderheit, dass Wasser flüssig ist. Betrachten wir nur seine Masse, dann müsste es unter irdischen Bedingungen eigentlich auf der Stelle verdampfen wie der schwerere Schwefelwasserstoff (H_2S), dem wir den Geruch von faulen Eiern verdanken. Doch im Gegensatz zur schwefligen Variante knüpft das Wasser zwischen seinen Molekülen unzählige schwache Wasserstoffbrückenbindungen, die insgesamt für einen stabilen Zusammenhalt sorgen, der so beständig ist, dass er Meere erschafft, auf denen Ozeandampfer schwimmen können, und so locker, dass sich Wasser ohne Schwierigkeiten sogar durch die mikrometerfeinen Kapillaren des Blutkreislaufs pressen lässt. Gleichzeitig sind die Bindungen zwischen den Wassermolekülen keineswegs unerschütterlich fest, sondern lösen sich von selbst ständig auf und bilden sich neu. Stoßen sie dabei auf einen geeigneten Stoff, lagern sich die Wassermoleküle auch gerne um den Fremdling an und bringen ihn so in Lösung. Eingebettet in den Wasserkörper wird die Substanz mobil, wie sie es an der trockenen Luft niemals sein könnte. Sie diffundiert in allen drei Raumrichtungen umher und trifft auf andere Stoffe, mit denen sie je nach Sympathiegrad chemische Aufbaureaktionen eingeht oder in heftigen Zersetzungskämpfen Energie freisetzt, die ihrerseits andere Reaktionen antreibt. Kurz gesagt: Wasser bringt chemischen Schwung in das Stoffangebot eines Planeten. Mit viel Glück ermöglicht es der Chemie sogar den Sprung zum Leben. Es löst dessen Biomoleküle und macht sie beweglich, es sortiert Substanzen nach ihren Eigenschaften und faltet Proteine, es pumpt Zellen auf und sorgt für den Austausch mit der Umgebung, und es spielt in biochemischen Reaktionen den Joker, der eingesetzt werden kann, wenn es an einem anderen passenden Molekül fehlt. Wasser ist schlichtweg überall im Leben.

Aber nicht nur dort. Wir finden Wasser praktisch im gesamten Universum. Die Ringe des Saturns bestehen ebenso aus Wassereis wie viele Kometen. Einige Jupitermonde wie Europa, Ganymed und Kallisto sowie viele Monde von Saturn, Uranus und Neptun sind mit Eis bedeckt. Auch unser eigener Mond hat in seinen Kratern in den Polregionen tonnenweise Wasser gespeichert. Und sogar der son-

nennächste Planet Merkur besitzt geheime Vorräte in den
Tiefen seiner Krater, in die sich niemals ein Sonnenstrahl
verirrt. Außerhalb des Sonnensystems haben Astronomen
das typische Infrarotspektrum von Wasser in den Gaswolken des Orionnebels gefunden, wo neben neuen Sternen
tagtäglich die 60-fache Wassermenge aller Weltmeere gebildet wird. Es entsteht an der Oberfläche von Staubkörnchen
aus dem Sauerstoff und Wasserstoff der Wolke und ist damit eines der frühesten Moleküle in einem jungen Planetensystem – und des Universums. Im Jahr 2011 entdeckten
zwei Wissenschaftlerteams der NASA ein riesiges Wasser-
vorkommen in zwölf Milliarden Lichtjahren Entfernung.
Am Rande des sichtbaren Universums umgibt 140 Billionen Mal so viel Wasser, wie es auf der Erde gibt, ein gigan-
tisches Schwarzes Loch, das 20 Mrd. Sonnenmassen in sich
vereinigt. Da das Licht dieses Quasar genannten Objekts
bis zur Erde zwölf Milliarden Jahre gebraucht hat, sehen
wir heute den Zustand, wie er vor zwölf Milliarden Jahren
herrschte, als das Weltall erst 13 % seines heutigen Alters
erreicht hatte. Wasser ist also nicht nur überall, es war auch
schon so gut wie immer da.

Aber nicht jede Form von Wasser ist dem Leben recht.

Nicht zu heiß und nicht zu kalt

In den Tiefen des Weltalls ist das Wasser meistens so fein
verteilt, dass seine Moleküle als isolierte Singles ohne Kontakt zu Artgenossen durch den Raum treiben. Oder es bildet bei den eisigen Temperaturen Eiskristalle, die winzig
sein können wie in den Saturnringen, bis hin zu den ki-

lometergroßen „schmutzigen Schneebällen" der Kometen und den Monden der äußeren Planeten. Seine vielfältige Funktion als Lebenselixier kann es aber nur vollbringen, wenn es in flüssiger Form vorliegt.

Die einzige Energiequelle zum Auftauen des kosmischen Eises sind Sterne. Flüssiges Wasser sollte es deshalb auf Planeten geben, die so dicht um einen Stern kreisen, dass ihre Oberflächentemperatur über Null Grad Celsius liegt, aber gleichzeitig so weit von ihm entfernt sind, dass es nicht heißer als 100 °C wird und das Wasser komplett verdampft. Das schmale Band von passenden Umlaufbahnen, in dem diese Bedingungen erfüllt sind, nennen Wissenschaftler die habitable Zone.

Im Prinzip müsste sich relativ einfach berechnen lassen, in welchem Bereich um einen Stern sich die habitable Zone erstreckt. Je größer die Leuchtkraft des Sterns ist, umso weiter außen liegt sie, während leuchtschwache Sterne nur in großer Nähe ausreichend Wärme liefern. Das Dumme ist nur: Mit diesem simplen Ansatz lautet das Ergebnis, dass die Erde nicht bewohnt sein kann, weil alles Wasser auf ihr wie im ewigen Schatten der Mondkrater zu lebensfeindlichem Eis erstarrt wäre. Ein Resultat, das von jedem Blick auf den trüben Regen vor dem Fenster mühelos widerlegt wird.

Offensichtlich sind noch mehr Faktoren als die Leuchtkraft des Sterns und die Umlaufbahn an der Positionierung der habitablen Zone beteiligt. Beispielsweise kommt es darauf an, welchen Anteil des einfallenden Lichts ein Planet einfach zurück ins Weltall reflektiert und wie viel davon er absorbiert und in Wärme umwandelt, was Astronomen als seine Albedo bezeichnen. Die hängt unter anderem davon ab, ob der Planet eine Atmosphäre hat, woraus sich diese zusammensetzt, wie stark der Treibhauseffekt ist und welcher Anteil des Himmels mit Wolken bedeckt ist. Auch die Wärmeenergie aus dem Inneren des Planeten, deren Ursprung der Zerfall radioaktiver Elemente im Kern ist, trägt ihren Teil bei. Und schließlich bieten selbst die Sterne keine ständig konstante Energieversorgung, sondern steigern ihre Leuchtkraft mit zunehmendem Alter langsam, wodurch sich die habitable Zone nach außen verschiebt.

Die Aufgabe ist also durchaus komplex. Kein Wunder, dass die Werte der Wissenschaftler schwanken zwischen großzügigen Bändern, die vom 0,725-Fachen bis zum 3,0-Fachen des mittleren Erdabstands reichen, und extrem engen Grenzen, die schon bei Abweichungen von weniger als fünf Prozent vom Radius der Erdbahn den Weltuntergang garantieren. Immerhin sind sich alle Astrobiologen in einer Sache einig: Die Erde liegt Dank ihrer Atmosphäre mit einem mittleren Abstand von einer astronomischen Einheit oder rund 150 Mio. km mitten in der habitablen Zone um die Sonne. Glück gehabt!

Aber wie sieht es mit den anderen Planeten des Sonnensystems und mit den bislang bekannten Exoplaneten aus?

Gemessen, gewogen – und für zu leicht befunden

Das Lieblingskind der Astrobiologen ist seit geraumer Zeit der Mars. Raumsonde um Raumsonde fliegt zum roten Planeten, und kaum ein Monat vergeht, in dem nicht mindestens ein enthusiastischer Forscher in den Medien von

Plänen schwärmt, den Mars mit Terraforming in eine Art bessere Erde umzuwandeln. Tatsächlich sprechen die Befunde dafür, dass der Planet nach seiner Entstehung ganz ähnlich wie die Erde reichlich Wasser besaß, das in großen Strömen floss und vielleicht sogar Meere gebildet hat.

Doch das paradiesische Bild steht im harten Kontrast zur staubigen Gegenwart. In unserer Zeit ist der Mars eine luftarme, lebensfeindliche Trockenwüste. Die einzigen Wasservorräte, über die er noch verfügt, befinden sich in Form von festem Eis an den Polkappen oder verbergen sich unter der Oberfläche. Gelangt etwas davon an das Sonnenlicht, verwandelt es sich in Windeseile zu Wasserdampf, der in das Weltall entweicht. Denn der Mars hat einfach zu wenig Masse, um mit seiner Schwerkraft agile Gase lange zu halten. Und so ist ihm höchstwahrscheinlich weit, bevor sich Leben entwickeln konnte, der Großteil seiner einst dichten Atmosphäre verloren gegangen. Weggeweht vom Sonnenwind genannten Teilchenstrom, den die Sonne ständig aussendet und der wie ein schwaches, aber unaufhörliches Sandstrahlgebläse über den Mars hinwegzieht und alles mitreißt, was klein und leicht ist.

Gegen den Sonnenwind schützt nur ein Magnetfeld, wie es die Erde hat. Der Antrieb für diesen natürlichen Schutzschild befindet sich tief im Inneren des Planeten. Dort steigt heißes elektrisch leitfähiges Material aus dem Zentrum auf, während kühlere Schichten absinken. Die Rotation des Planeten zwingt die Ströme dabei auf Spiralbahnen, wodurch nach der Dynamotheorie ein sich selbst verstärkendes Magnetfeld entsteht, das nach außen dringt und bis weit in den Weltraum reicht. Hier lenkt es die geladenen Teilchen des Sonnenwinds, der vor allem aus Protonen, Elektronen und

Heliumkernen besteht, um den Planeten herum. Ein Prinzip, das bei der Erde ausgesprochen zuverlässig seine Arbeit verrichtet – beim Mars, dessen Kern erkaltet ist, aber nicht mehr funktioniert.

Zu leicht, um eine Atmosphäre und flüssiges Oberflächenwasser zu halten und zu kalt, um sich mit einem Magnetfeld vor dem Sonnenwind zu schützen, war der Mars von Beginn an dazu verdammt, eine tote Welt zu werden. Und zu bleiben. Denn keine Art von Terraforming könnte die grundlegenden Probleme des Planeten beheben. Jede künstliche Luftschicht würde ihm ebenso schnell wieder abhandenkommen wie ihre natürliche Vorgängerin. Der Mars liegt eindeutig außerhalb der habitablen Zone für einen Planeten seiner Größe. Hätte er dagegen etwa die gleichen Ausmaße und Masse wie die Erde, wäre sein Kern nicht erkaltet und seine Atmosphäre nicht ins Weltall geweht worden. In diesem Fall stünden die Chancen für Leben auf dem Mars tatsächlich nicht schlecht. Bei der habitablen Zone kommt es demnach durchaus auf die Größe an.

Eine Frage des Klimas

Betrachten wir nach dem Mars unseren anderen Nachbarn im Sonnensystem, stellen wir fest, dass die Venus sicherlich nicht zu leicht ist. Was den Durchmesser und die Masse anbelangt, trägt sie ihren Spitznamen „Zwilling der Erde" durchaus zu recht. Und bereits der Blick durch ein mittleres Amateurteleskop verrät, dass die Venus über eine dichte Atmosphäre mit reichlich Wolken verfügt. Trotzdem ist der zweitinnerste Planet des Sonnensystems sogar noch lebensfeindlicher als der Mars. Die Venus hat bei der Entstehung der Planeten einfach Pech gehabt – sie liegt knapp zu dicht an der Sonne.

Ihr ungünstiger Platz ist schuld, dass die Venus rund doppelt so viel Strahlung abbekommt wie die Erde. Durch die ständige Energiezufuhr blieb die Oberfläche nach der Bildung des Planeten über 100 Mio. Jahre so heiß, dass die Magmaozeane nicht erstarren konnten. Die andauernde Hitze verhinderte, dass der Wasserdampf kondensierte und als Regen herabfiel. In Form von heißen Einzelmolekülen fehlte dem Wasser aber der Zusammenhalt, und es entwich in den Weltraum. Ohne Wasser wurde das Kohlendioxid nicht aus der Atmosphäre gewaschen, sondern konnte sich anreichern, sodass es heutzutage 96,5 % der Lufthülle stellt. Und einen gewaltigen Treibhauseffekt anheizt, indem es praktisch alle Wärmestrahlung auffängt und in den unteren Schichten speichert. Mit rund 460 °C ist es an der Oberfläche der Venus sogar heißer als auf dem Merkur und viel zu heiß für komplexe Biomoleküle. Die Venus befindet sich deshalb knapp außerhalb der habitablen Zone für erdähnliche Planeten.

Im Sonnensystem sind wir folglich alleine. Doch welche Chancen gibt es für Leben auf den Exoplaneten, die wir schon kennen?

Kurz und weit oder lang und schmal?

Andere Sterne, andere Planeten. Unsere Sonne ist zwar in Bezug auf Masse und Alter guter galaktischer Durchschnitt, aber viele der fernen Welten, die Astronomen bislang entdeckt haben, kreisen um Sternklassen mit anderen Eigenschaften.

Besonders große Sterne – wie beispielsweise Sirius, der 26-mal so intensiv wie die Sonne strahlt und der hellste Stern am Nachthimmel ist – verteilen ihre Energie so gleichmäßig, dass sie im Prinzip ausgesprochen breite Regionen bieten, in denen sich flüssiges Wasser auf einem Planeten halten kann. Allerdings verbrauchen diese Riesen ihr Fusionsmaterial so schnell, dass etwaige Lebensformen kaum über das Stadium primitiver Einzeller hinauskommen könnten. Schon bei einem Stern mit drei bis vier Sonnenmassen schließt sich das Zeitfenster nach nur einer Milliarde Jahren wieder. In diesem Zeitraum hatte das Leben auf der Erde gerade mit den ersten Zellkernen experimentiert und noch nicht einmal die Trennung in Männchen und Weibchen erfunden.

Kleinere Sterne als die Sonne sind dagegen eher knickrig mit ihrer Energie, weshalb ihre habitalen Zonen ziemlich schmal sind und sich nahe am Stern befinden. Ein potenziell lebensspendender Planet müsste daher groß genug sein, um mit seinem Geodynamo ein schützendes Magnetfeld aufzubauen, das den Teilchenstrom des Sternenwinds abwehrt. Die Hitze des flüssigen Magmas würde außerdem die Planetenkruste erwärmen. Der Planet wäre dadurch ein wenig unabhängiger von der Strahlung des Sterns und würde die habitable Zone aus eigener Kraft etwas ausdehnen.

Ganz besonders eng ginge es bei den sogenannten Roten Zwergen zu, den kleinsten aktiven Sternen. Sie verfügen über maximal die halbe Sonnenmasse und haben es damit so gerade eben geschafft, ein Fusionsfeuer zu zünden. Den Mangel an Brennstoff machen sie aber durch ausgeprägte

Sparsamkeit wieder wett, sodass Rote Zwerge über mindestens zehn Milliarden Jahre ein verlässlicher Mutterstern sind. Und ein häufiger: Schätzungsweise drei Viertel aller Sterne fallen in diese Kategorie. Trotzdem sind sich die Astrobiologen nicht einig, ob Rote Zwerge auf ihren Planeten Leben zulassen können. Immerhin müsste solch eine Welt auf wenige Millionen Kilometer an den Stern heran, viel dichter als der sonnennächste Planet Merkur. Bei so viel Tuchfühlung verschiebt sich der Schwerpunkt innerhalb des Planeten und er koppelt seine Eigendrehung mit der Bahn um den Stern, sodass er diesem immer die gleiche Seite zeigt. Die gesamte Strahlungsenergie des Sterns würde ohne Unterlass auf die Tagseite treffen, während die Nachtseite in ständiger Dunkelheit läge. Noch ist nicht geklärt, ob dadurch extreme Temperaturunterschiede hervorgerufen werden oder ob eine dichte Atmosphäre zusammen mit planetenweiten Meeren die Wärme schnell genug transportieren könnte. Sicherheitshalber behalten die Wissenschaftler auch Rote Zwerge und ihre Planeten im Auge, um nicht versehentlich freundliche Grußbotschaften von einem der vielen kleinen Nachbarn zu übersehen.

Beste Wohnlagen in fernen Weiten

Das bislang beste Angebot für eine neue Welt haben Wissenschaftler im Mai 2013 mit dem Weltraumteleskop Kepler entdeckt. Ein internationales Team von 65 Astronomen um Lisa Kaltenegger vom Heidelberger Max-Planck-Institut für Astronomie stellte damals das Planetensystem Kepler-62 vor (siehe Abb. 4.1). Der Stern selbst ist etwas kleiner

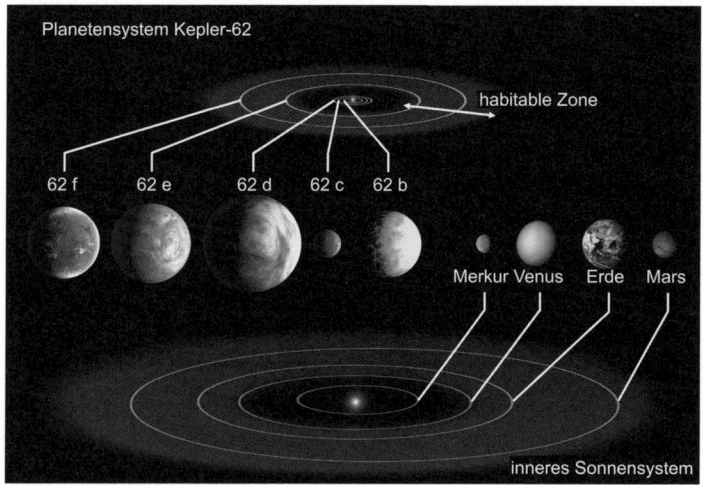

Abb. 4.1   Das Planetensystem um den Stern Kepler-62 im Vergleich zum inneren Sonnensystem. Sowohl die relativen Größen der Planeten zueinander als auch die Abstände ihrer Umlaufbahnen sind im gleichen Maßstab gehalten. Kepler-62 e und Kepler-62 f befinden sich vermutlich innerhalb der habitablen Zone um ihren Stern. Die habitable Zone unseres Sonnensystems für erdähnliche Planeten ist weiter, weil die Sonne mehr Strahlungsenergie abgibt. (© NASA Ames/JPL-Caltech (verändert))

und kühler als die Sonne und anderthalb mal so alt wie sie. Weil er außerdem 1200 Lichtjahre entfernt liegt, reicht seine Leuchtkraft nicht aus, um ihn mit Amateurausrüstung im Sternbild Leier aufzuspüren. Was bedauerlich ist, denn Kepler-62 wird gleich von fünf erdähnlichen Planeten umkreist, von denen sich die beiden äußeren in der habitablen Zone befinden.

Diese ein wenig lieblos Kepler-62 e und Kepler-62 f genannten Planeten gehören zu den „Super-Erden", weil sie 60 beziehungsweise 40 % größer als die Erde sind. Zu klein für Gasplaneten, aber genau richtig für Gesteinsplaneten mit einem hohen Anteil von Wasser. Nach Modellrechnungen, die Kaltenegger mit Kollegen am Harvard-Smithsonian Center for Astrophysics vorgenommen hat, sind beide Planeten vermutlich sogar „Ozeanplaneten", die komplett von einem globalen Meer bedeckt sind – oder von Eispanzern. So genau können die Wissenschaftler das mit ihren Simulationen nicht sagen, da sie keinen der Planeten direkt gesehen, sondern nur die Schwankungen in der Helligkeit des Sterns bei einem Transit gemessen haben. Zwar wissen sie, dass der weiter innen liegende Kepler-62 e 20 % mehr Strahlung als die Erde empfängt und Kepler-62 f mit nur 40 % auskommen muss. Doch über die Zusammensetzung der Atmosphären und die Rückstrahlfähigkeit der Planeten ist nichts Genaues bekannt, und so sind die Forscher gezwungen, für ihre Rechnungen ein bisschen zu raten. Damit dabei ein Ozean aus flüssigem Wasser herauskommt, müsste Kepler-62 e ordentlich bewölkt sein und Kepler-62 f sich mit einem gesunden Treibhauseffekt durch eine kohlendioxidreiche Atmosphäre wärmen – beides Annahmen, die durchaus realistisch erscheinen.

Sollten die Rechnungen zutreffen, dann wären die beiden Kepler-62-Planeten Vertreter von Welten, die wir aus unserem eigenen Sonnensystem nicht kennen. Ohne festes Land hätten sie andere Stoffkreisläufe als die Erde. Aber von außen betrachtet wären sie ebenso schöne blaue Kugeln, die einen orangenen Stern umkreisen. Und sie könnten belebt sein! Denn obwohl wir nicht wissen, wie das Leben auf der Erde entstanden ist, stehen die Chancen gut, dass die ersten Schritte im Wasser stattgefunden haben – und davon gibt es auf einem Wasserplaneten naturgemäß mehr als genug.

Welche Richtung die Evolution in einem globalen Ozean nehmen dürfte, ob sich intelligente Spezies und eventuell eine technisierte Zivilisation entwickeln würden, wie lange solch eine Technologie überleben könnte oder ob die beiden Kepler-Planeten doch nur gigantische sterile Wasserspeicher sind … das werden wir wegen der großen Entfernung vermutlich niemals erfahren.

Aber es gibt ja auch Wasserwelten in unmittelbarer Nachbarschaft. Obgleich es sich dabei nicht um Planeten handelt.

Wohnwelten zweiter Klasse

Wenn es nicht unbedingt Planeten sein müssen, sondern auch deren Monde als potenzielle Lebensräume infrage kommen, ist die Liste der Kandidaten selbst in unserem Sonnensystem lang. Manche von ihnen – wie die Jupitermonde Europa, Ganymed und Kallisto sowie der Saturnmond Enceladus – verbergen wahrscheinlich unter ihren äußeren Eispanzern große flüssige Ozeane. Die Energie, um das Eis zu schmelzen, stammt dabei nicht von der Sonne, sondern aus der Anziehungskraft des jeweiligen Planeten. Weil dessen Gravitation auf der planetenzugewandten Seite des Mondes stärker als auf der abgewandten Seite ist, entsteht als Differenz eine Gezeitenkraft, die den Mond regelrecht durchknetet und erwärmt. Während die Energie an der Oberfläche gleich wieder in den Weltraum verloren geht, kann sie unter dem isolierenden Panzer das Eis, dessen Schmelzpunkt durch gelöste Salze ein gutes Stück unter null Grad liegt, auftauen. Auf diese Weise könnte es beispielsweise auf dem Jupitermond Europa einen Ozean unter der Oberfläche geben, der bis zu 100 km tief ist und mehr als doppelt so viel flüssiges Wasser beinhaltet wie alle irdischen Meere zusammen. Für potenzielle Organismen wäre das ein gewaltiger Lebensraum – falls sie einen Weg finden, sich zusätzlich mit Energie und Nährstoffen zu versorgen.

Zumindest beim Saturnmond Enceladus gelangt das Tiefenwasser aber gelegentlich auch an die Oberfläche. Die Raumsonde Cassini hat beobachtet, wie Kryovulkane Wasser bis zu 500 km in das Weltall schossen. Als sie im März 2008 mitten durch eine solche Wolke flog, registrierten die Messinstrumente an Bord neben Wasserdampf, Kohlendioxid und Kohlenmonoxid auch organische Substanzen, wie sie sonst in Kometen – und in Lebewesen – vorkommen. Ob Wasser, Wärme und ein bisschen Chemie für Leben auf den Eismonden ausreichen, sollen zukünftige Missionen wie der Jupiter-Eismond-Erkunder JUICE (**Ju**piter **Icy** **Moon E**xplorer) der europäischen Weltraumagentur ESA klären, der im Juni 2022 starten und im Januar 2030 den Jupiter mitsamt seinen Monden erreichen soll.

Vielleicht werden die Astrobiologen jedoch vorher auf dem Saturnmond Titan fündig. Der zweitgrößte Mond des Sonnensystems besitzt als einziger Mond eine dichte Atmosphäre, die hauptsächlich aus Stickstoff mit Anteilen von Argon und Methan besteht. Vor allem aber haben Cassini und ihre Landeeinheit Huygens auf seiner Oberfläche Flüsse und Seen aus flüssigem Methan gefunden. Das hat manche Wissenschaftler auf die Idee gebracht, dass völlig andere Lebensformen, als wir sie von der Erde kennen, auf dem Titan existieren könnten, die anstelle von Wasser flüssiges Methan – oder auf anderen fernen Welten vielleicht

Ammoniak – nutzen. Eine wirklich fremde Biochemie für wirklich fremdes Leben und wirklich neue habitable Zonen. Denn wenn sich eisige Monde Leben leisten können, dürfte kaum ein Winkel des Universums vor krabbelnden und schwirrenden Wesen sicher sein.

Der Blick aufs Ganze

All das, was wir bis hierher über habitable Zonen, bewohnbare Planeten und lebensfreundliche Monde erfahren haben, unterliegt allerdings einer Einschränkung: Es gilt nur in den Randbereichen der Milchstraße. In der Nähe des Zentrums der Galaxis ist es für Leben auf Dauer schlichtweg zu gefährlich. Hier befinden sich zu viele alte Sterne, die in Supernovae explodieren können, Pulsare, die mit ihren Strahlenkegeln weite Areale bestreichen, und Schwarze Löcher, die unter heftigen Energieausbrüchen miteinander verschmelzen. Jeder hoffnungsvolle Planet muss dort damit rechnen, in unregelmäßigen, aber viel zu häufigen Abständen eine tödliche Strahlendosis abzubekommen. Schon eine einzige Supernova in einer Entfernung von 50 Lichtjahren kann dabei einen ganzen Planeten sterilisieren. In den äußeren Bezirken wie der Lokalen Blase, in welcher sich unser Sonnensystem derzeit befindet und die etwa 28 000 Lichtjahre vom Zentrum der Milchstraße entfernt in deren Orionarm liegt, sind die Abstände zwischen den Objekten hingegen so groß, dass es viel seltener zu solchen Katastrophen kommt.

Das Leben darf seinen Versuch aber auch nicht zu weit draußen starten. In der Peripherie sind vor allem junge Sterne zu finden. Alte Exemplare, die bereits schwere Elemente produziert und bei Supernovae in die Umgebung verteilt haben, sind dort so selten anzutreffen, dass es in den Gaswolken an Material für Gesteinsplaneten mangelt. Astronomen rechnen deshalb zusätzlich zur stellaren habitablen Zone um einzelne Sterne mit einer galaktischen habitablen Zone, die sich bei der Milchstraße schätzungsweise in einer Distanz von 23 000 bis 29 000 Lichtjahre vom Zentrum erstreckt. Es ist gewissermaßen der Speckgürtel mit den Spießer-Sternen, die zwischen vier und acht Milliarden Jahre alt sind, sich schwere Elemente leisten können und damit ein Heimatsystem aufgebaut haben. Hier ist das Dasein vielleicht ein wenig langweilig, dafür lässt es sich aber leben – durchaus im wortwörtlichen Sinne.

Glücksfall Nummer Vier: Die Erde hält den richtigen Abstand

Die Sonne und die Erde haben glücklicherweise alles richtig gemacht. Sie haben sich Plätze gesucht, in denen es ausreichend schwere Elemente gab, um ein gemischtes Planetensystem mit einer Welt zu erschaffen, die Wasser in allen Aggregatzuständen zu bieten hat. Die Nachbarschaft ist ruhig, sodass sich ein beschauliches Leben entwickeln konnte.

Doch Gefahren für Leib und Leben der Planetenbewohner gibt es auch in den kuschligen habitablen Zonen. Gerade im trauten Sonnensystem ging es in der Anfangsphase unangenehm ruppig zu, sodass es um ein Haar mit der Erde endgültig aus und vorbei gewesen wäre.

Auf den Abstand kommt es an. (© Salome Hunziker)

Wo Sie mehr erfahren

* *Habitable Zone Gallery*
  http://www.hzgallery.org
  Bildliche Darstellung der Umlaufbahnen aller Exoplaneten, die innerhalb der habitablen Zone um ihren Stern liegen.
* Harald Lesch: *alpha-Centauri – Was ist eine Lebenszone?* (2003)
  http://www.br.de/fernsehen/br-alpha/sendungen/alpha-centauri/alpha-centauri-lebenszone-2003_x100.html.
* Dagmar Röhrlich: *Hallo? Jemand da draußen?* Spektrum Akademischer Verlag (2005)

Alle Aspekte der Suche nach Leben auf anderen Planeten und den Bedingungen, wie Leben auf der Erde entstanden sein könnte.

- *Wasser im Weltall.* Weltraumfacts 1/2000
  http://www.weltraumfacts.info/wf-Dateien/wf2000-Dateien/wasser.pdf
  Ein Überblick über die Verteilung und die Herkunft von Wasser in der Milchstraße und im Sonnensystem.
- http://www.nasa.gov/mission_pages/kepler/multimedia/
  NASA-Multimedia-Seite zur Kepler-Mission mit Informationen zu den Exoplaneten Kepler-62 e und Kepler-62 f.

5

Mit Bodyguard und Türsteher

Der Weltraum ist kein friedlicher Ort. Besonders neues Leben ist mit der ständigen Drohung konfrontiert, gleich wieder ausgelöscht zu werden. Die Gefahr geht von unzähligen Meteoriten aus, die vor allem in der Frühphase eines Systems unablässig auf die jungen Planeten niederprasseln. Manche von ihnen sind so groß, dass sie ihre Ziele sogar vollständig zertrümmern können. Auch die Erde wäre um Haaresbreite bei solch einer Kollision zerstört worden, als ein Protoplanet von der Größe des Mars mit ihr zusammenstieß. Aus den Trümmern bildete sich der Mond, der seitdem wie ein Wächter weitere Brocken von uns fernhält. Zusammen mit dem Riesenplaneten Jupiter fängt er die schlimmsten Irrläufer ab, bevor sie verheerenden Schaden anrichten können. Glück gehabt!

Es war eine besonders bösartige Ironie des Schicksals, dass Eugene Merle Shoemaker ausgerechnet bei einer Kollision sterben musste. Wie so viele Male zuvor war der Geologe im Sommer 1997 mit seiner Frau Carolyn im australischen Hinterland unterwegs, um Meteoriten zu sammeln. In der Nähe von Alice Springs war der Weg in einem gewohnt schlechten Zustand. Unbefestigt, schmal, staubig, mit holprigen Buckeln links und rechts ließ er Autofahrern kaum eine andere Wahl, als sich direkt in der Mitte zu halten, wo der Untergrund wenigstens einigermaßen eben war. Unter normalen Umständen ist die Wahrscheinlichkeit, dabei auf ein entgegenkommendes Fahrzeug zu treffen, vernachlässigbar gering.

Doch dieser 18. Juli war kein normaler Tag. Was genau geschah, ließ sich im Nachhinein nicht mehr zweifelsfrei rekonstruieren. Sicher ist, dass nordwestlich von Alice Springs plötzlich ein zweites Auto vor den Shoemakers auftauchte, das ebenfalls in der Fahrbahnmitte unterwegs war – aber in die entgegengesetzte Richtung. In einer Reflexbewegung wich der Fahrer nach links aus, wie es in Australien, wo Linksverkehr herrscht, üblich und richtig ist. Nur war Shoemaker leider kein Australier, sondern US-Amerikaner. Hätte er überhaupt nicht reagiert, hätten sich die Autos vermutlich nur gestreift, und es wäre bei einem ordentlichen Blechschaden geblieben. Doch Shoemaker zog instinktiv nach rechts, und die Fahrzeuge stießen mit 130 Stundenkilometern frontal zusammen. Eugene Shoemaker war auf der Stelle tot, seine Frau schwer verletzt.

Der Mann, dessen Leben sich immer um Kollisionen gedreht hatte, war bei einer Kollision ums Leben gekommen. Zwei Jahre später trug die Sonde Lunar Prospector einen Teil seiner Asche zum Mond. Zu dem Ort, zu dem Shoemaker schon immer hatte fliegen wollen.

Ein Leben für kosmische Kollisionen

Geologie ist nicht gerade das Glamourfach unter den Naturwissenschaften. Nicht jeder kann sich so sehr für tote Steine begeistern, dass er ihnen sein gesamtes Leben widmen mag. Aber für Eugene, genannt Gene, Shoemaker gab es von Kindheit an nichts Spannenderes. Für ihn waren Steine nicht bloß Steine – sie waren Zeugen der Geschichte der Erde. Jeder einzelne von ihnen wusste von Ereignissen zu berichten, die Millionen, manchmal sogar Milliarden Jahre zurücklagen. Shoemaker wollte diese Erzählungen unbedingt verstehen und erforschen, doch dafür musste er ihre Sprache lernen. Und so verlor der junge Gene nicht viel Zeit in der Schule, sondern zog alle Register seiner ausgesprochen hohen Intelligenz und machte mit 19 Jahren, als seine Altersgenossen über ihren Highschool-Abschlüssen schwitzten, am berühmten California Institute of Technology seinen Bachelor und ein Jahr später den Master in Geologie.

Er war inzwischen Anhänger einer Idee geworden, die in den 1950er Jahren in Fachkreisen heftig diskutiert wurde. Shoemaker glaubte, dass die Krater auf der Erde und auf dem Mond die Einschlaglöcher von Meteoriten aus dem Weltall sind, während die Gegner dieser Theorie darin das Werk von Vulkanen sahen. Da es äußerst schwierig war, einen Meteoriten live bis zum Boden zu verfolgen, wandte sich Shoemaker anderen Objekten zu, die ebenfalls durch die Einwirkung extremer Energie in kurzer Zeit entstehen: den Kratern, die sich bei unterirdischen Atomwaffentests bilden. Tatsächlich gelang es ihm nachzuweisen, dass eine spezielle Form von Quarz, die Coesit genannt wird, nur bei besonders hohem Druck gebildet wird. In Vulkanen sind solche Bedingungen nicht anzutreffen, wohl aber bei Kernexplosionen – und bei Meteoriteneinschlägen. Wo Coesit zu finden war, musste demzufolge einst ein Geschoss aus dem Weltall aufgeprallt sein. Der Beweis, dass der Barringer-Krater in Arizona auf einen Meteoriten zurückging, brachte Shoemaker nicht nur den Doktortitel ein, sondern machte ihn auf einen Schlag zu einer Koryphäe unter den Geologen. Aber Shoemaker wollte mehr.

Der kosmische Ursprung der irdischen Krater war nun geklärt. Als Nächstes standen die Krater des Mondes auf seiner Liste. Shoemaker wusste, dass er genau in der richtigen Zeit lebte, um auch deren Rätsel zu lösen. Der Wettlauf zum Mond setzte Anfang der 1960er Jahre ein, und Shoemaker engagierte sich bei den verschiedenen Projekten der Amerikaner, soweit es möglich war für einen Zivilisten, der fest an eine wissenschaftliche Bedeutung der Mondlandung glaubte. Unter anderem trainierte er die Astronauten des Apollo-Programms, bis sie als einigermaßen kompetente Amateurgeologen durchgehen konnten, die auf dem Mond einen Blick für interessantes Gestein haben würden. Am liebsten wäre Shoemaker sogar selbst bei einer Apollo-Mission dabei gewesen, doch als bei ihm eine Fehlfunktion der Nebennieren festgestellt wurde, nahm ihn die Leitung von der Liste und ersetzte ihn durch seinen ehemaligen Schüler Harrison Schmitt, der schließlich im Dezember 1972 den Mond betrat – als einziger Wissenschaftler neben einer langen Reihe von Testpiloten und Militärs. Shoemaker beobachtete vom Boden aus, wie die Astronauten die zahllosen Einschlagkrater auf der Mondoberfläche ganz aus der Nähe untersuchten, und trat dabei manchmal als Experte für den Fernsehsender CNN auf.

Schmitts Mondlandung war bis zum heutigen Tag der letzte Besuch des Menschen auf dem Mond. Mit dem Ende des Apollo-Programms musste sich auch Shoemaker neu orientieren. Er blieb jedoch den kosmischen Kollisionen treu, indem er zusammen mit seiner Frau Carolyn und einigen Astronomen Nacht für Nacht mit einem der kleineren Teleskope am Palomar-Observatorium in Kalifornien nach Asteroiden und Kometen Ausschau hielt, die eventuell eines Tages mit der Erde zusammenstoßen könnten. Eine Arbeit, die viele seiner Kollegen als langweilig ansahen – der Shoemaker es aber letztlich verdankte, dass sein Name im Sommer 1994 weltberühmt wurde.

Inferno auf dem Jupiter

Die Entdeckung ihres Lebens begann für die Shoemakers und den Amateurastronomen David Levy, mit dem das Paar öfter zusammenarbeitete, mit einer Schusseligkeit. Irgendjemand hatte versehentlich den Behälter eines unbenutzten Films geöffnet und damit einen großen Teil unbrauchbar gemacht. Statt den geschwärzten Film sofort wegzuwerfen, legte das Team ihn zunächst beiseite. Erst einige Tage später, am 23. März 1993, holten die Forscher ihn wieder hervor, weil sie nicht damit rechneten, bei dem bewölkten Himmel auch nur einigermaßen brauchbare Aufnahmen machen zu können. Einen guten Film wollten sie für ihre Versuche, durch die vereinzelten Lücken in der Wolkendecke zu fotografieren, nicht verschwenden, und so legten sie in einer Art Verlegenheitshandlung den beschädigten Film ein.

Zwei Tage später stellte sich diese Entscheidung als ausgesprochener Glücksfall heraus. Weil das Wetter noch immer keine Beobachtung zuließ, kontrollierte Carolyn Shoemaker die Bilder jener Nacht. Mit einem Stereomikroskop verglich sie jeweils zwei Aufnahmen des gleichen Himmelsausschnitts, die in einem zeitlichen Abstand aufgenommen waren. Während die Fixsterne auf beiden Fotos an der gleichen Stelle zu finden waren, änderten bewegte Objekte ihre Position und stachen daher scheinbar räumlich hervor. 28 Kometen hatte Carolyn auf diese Weise bereits entdeckt, dazu Hunderte von Asteroiden. Trotzdem konnte sie mit dem Anblick auf zweien der Aufnahmen zunächst nichts anfangen. Anstelle eines Punktes zog sich ein kurzer Strich durch das Bild. Sie zeigte es ihrem Mann und Levy, und schließlich erriet einer von ihnen, was dort zu sehen war: Es war kein intakter, sondern ein in Stücke zerrissener Komet, dessen Teile nun dicht beieinander auf einer gemeinsamen Bahn flogen.

Shoemaker-Levy 9, wie das Objekt wenig später getauft wurde, war anscheinend als intakter Komet in den 1960er oder 1970er Jahren auf seinem Weg durch das Sonnensystem zu dicht an den Planeten Jupiter geraten und von dessen Gravitation eingefangen worden. Eine Zeit lang fristete er als neuer Mond auf einer langgezogenen Umlaufbahn sein Dasein, bis er sich am 7. Juli 1992 bis auf rund 20 000 km an den Jupiter heranwagte – nur ein Zwanzigstels der Entfernung des Mondes von der Erde. Das war zu nahe. Die Schwerkraft des Planeten riss den ehemaligen Kometen in Stücke von 50 bis 2000 m Durchmesser, die wie auf einer unsichtbaren Schnur aufgefädelt hintereinander weitertrudelten. Es war diese Kette, die Carolyn Shoemaker so verwirrt hatte. Mithilfe größerer Teleskope konnten Astronomen schon bald 21 Fragmente zählen, die sie der Reihe nach mit den Buchstaben von „A" bis „W" bezeichneten. Die Buchstaben „I" und „O" ließen sie dabei aus, weil sie zu leicht mit den Ziffern „1" und „0" verwechselt werden konnten.

Das wahrhaft Einmalige an Shoemaker-Levy 9 erkannte aber erst einige Zeit später der Japaner Shuichi Nakano, als er die weitere Bahn der Bruchstücke berechnete. Demnach war der Kometenrest auf Kollisionskurs mit dem Jupiter. Vom 16. bis zum 22. Juli 1994 sollten die Fragmente mit einer Geschwindigkeit von rund 60 km pro Sekunde in dessen Gashülle eintauchen und dabei die Energie von 50 Mio. Hiroshimabomben freisetzen. Die Nachricht verbreitete sich über den gesamten Erdball. Nie zuvor hatte jemand den Einschlag eines Kometen auf einem anderen Planeten beobachten können. Würde das Ereignis von der Erde aus zu sehen sein? Oder könnte der Jupiter die Brocken ohne sichtbare Folgen schlucken? Nicht nur Wissenschaftler hofften auf eine ereignisreiche Show am Sternenhimmel. Über das Internet verfolgten Menschen auf der ganzen Welt, was Millionen Kilometer entfernt geschah. Und sie wurden nicht enttäuscht.

Die Raumsonde Galileo, die zufällig sowieso gerade unterwegs zum Jupiter war, hatte den besten Blick auf den Einschlag des A-Fragments. Sie registrierte an der oberen Grenze der Jupiteratmosphäre einen Feuerball, der 24 000 Grad heiß war – viermal so heiß wie die Oberfläche der Sonne – und sich mehr als 3 000 km in den Weltraum hinaus ausbreitete. Von der Erde aus war davon nichts zu sehen, weil die Trümmer auf der abgewandten Seite des Jupiters niedergingen. Da der Planet aber sehr schnell um seine eigene Achse rotiert, dauerte es nur wenige Minuten, bis das Ausmaß auch mit irdischen Fernrohren und mit dem Weltraumteleskop Hubble zu erkennen war (siehe Abb. 5.1). Ein dunkler Fleck mit einem Durchmessern von 6 000 km machten sich wie eine tiefe Wunde auf der Planetenschei-

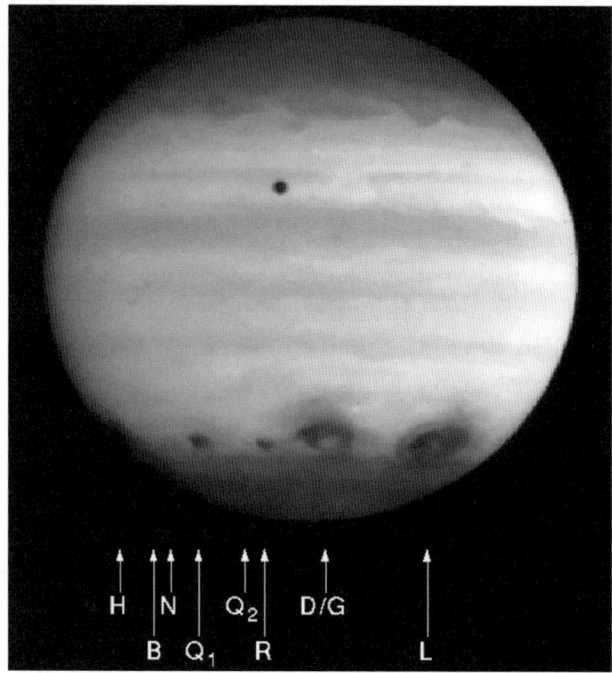

Abb. 5.1 Jupiter im UV-Licht nach dem Einschlag mehrerer Fragmente des Kometen Shoemaker-Levy 9. Die Aufnahme des Weltraumteleskops Hubble zeigt die Einschlagstellen als dunkle Flecke im unteren Bereich des Bildes. Zu dem Zeitpunkt, als das Foto entstand, waren die Fragmente A bis R bereits eingeschlagen. Eines der größten Bruchstücke – das Fragment W – erreichte den Planeten erst einen Tag später. © Hubble Space Telescope Comet Team (verändert)

be breit. Und er blieb nicht alleine. Innerhalb der nächsten Tage schlug jedes Fragment ein ähnliches Loch, von denen das größte den gleichen Durchmesser wie die Erde hatte. Mehrere Monate lang waren die Narben selbst mit Amateurteleskopen zu sehen, bis sie sich schließlich wieder schlossen.

Wäre die Erde von Shoemaker-Levy 9 getroffen worden, hätten die Einschläge durchaus das Ende der Menschheit bedeuten können. Und doch hat die Erde bereits weitaus heftigere Treffer wegstecken müssen.

Eine Geburt am Rande des Abgrunds

Die junge Erde war durchaus raue Umgangsformen gewohnt. Immerhin verdankte sie ihre Existenz den ständigen Zusammenstößen von Gesteinsbrocken und Planetesimalen, die hängen blieben und so allmählich den Protoplaneten formten (siehe Kap. 3). Die Energie der Einschläge heizte die Erde auf, sodass die Gesteine schmolzen und schweres Material wie Eisen zum Zentrum absank, während leichtere Stoffe wie Silikate allmählich eine Kruste bildeten, als das Bombardement mit der Zeit abnahm und es ruhig wurde. Doch dann kam der wirklich große Schlag.

Eigentlich schien längst alles geregelt zu sein auf dem Orbit der Erde um die Sonne. Die Erde hatte einen großen Teil des Materials auf ihrer Umlaufbahn eingesammelt und damit ihre Vormachtstellung in dieser Entfernung zur Sonne gefestigt. Aber trotzdem war die endgültige Entscheidung noch nicht gefallen. Ein zweiter Protoplanet oder ein Komet von der Größe des heutigen Mars befand sich auf einem ähnlichen Orbit. Die Bahn von Theia, wie Astronomen den Konkurrenten nennen, war allerdings nicht gerade stabil. Mal war Theia dichter als die Erde an der Sonne, dann weiter entfernt. Mal flog sie schneller durch den Raum, dann war sie wieder langsamer. Den neuesten Berechnungen zufolge kam es vor 4527 Mio. Jahren, als das Sonnensystem gerade erst 30 bis 50 Mio. Jahre alt war, schließlich zur unvermeidlichen Katastrophe: Theia und die Erde trafen im schrägen Winkel aufeinander. Innerhalb von Sekunden wurde die Erde komplett aufgerissen. Ihr Gestein schmolz erneut und vermischte sich mit den Trümmern von Theia. Gleichzeitig schleuderte die Wucht des Aufpralls tausende Tonnen des Mantelmaterials der beiden Protoplaneten so weit ins All, dass ein großer Teil davon nicht wieder herabfiel, sondern in einigen zigtausend Kilometern Höhe um den aufgewühlten Planeten kreiste. Ähnlich wie bei der Bildung der Planeten vereinigten sich die Bruchstücke, indem sie miteinander kollidierten, sich gegenseitig aufschmolzen und innerhalb von weniger als einem Jahrhundert zu einem neuen Himmelsobjekt heranwuchsen, das im Orbit um die Erde wanderte – der Mond war geboren.

In der Anfangszeit sah der Mond noch keineswegs so aus wie heute. Von der Erde aus erschien er viel größer, weil er fünfmal näher war. Dadurch war die gegenseitige Anziehung so stark, dass die Gezeitenkräfte das flüssige Gestein beeinflussten und den Mond zu einer leichten Eiform langzogen. Weil der Mond mehr als einen Tag für eine Umrundung der Erde brauchte, bremste er mit seiner Gravitationskraft die Drehung des Planeten um dessen eigene Achse, wohingegen die Erde den nachtrödelnden Mond immer schneller mit sich zog. Durch die Beschleunigung stieg die Fliehkraft an, und der Mond entfernte sich langsam von der Erde – ein Effekt, der auch in unserer Zeit noch anhält. Weil die Gezeiten inzwischen aber vor allem Meere aus Wasser und nicht aus flüssigem Magma bewegen, wird die Flucht des Mondes immer langsamer. Sie beträgt gegenwärtig 3,8 cm pro Jahr. Auch die Drehung der Erde verlangsamt sich weiterhin: immerhin um eine Sekunde in 100 000 Jahren. Beides ist langsam genug, sodass sich die beiden Himmelskörper bis in fünf Milliarden Jahren umtanzen werden, wenn sich die sterbende Sonne aufbläht und das Paar verschluckt.

Das letzte große Bombardement

Als sich Erde und Mond in der heftigeren Anfangsphase ihres Tauziehens befanden, mussten sie aber noch ein anderes Abenteuer überstehen, das den Mond bis heute zeichnet. Seine Geburt lag erst eine halbe Milliarde Jahre zurück, und die Oberfläche bildete gerade eine dünne Kruste aus festem Gestein aus, als das sogenannte letzte große Bombardement begann. Innerhalb von rund 50 Mio. Jahren ging ein Regen von 200 Billiarden Tonnen Gestein auf Erde und Mond nieder. Tausendmal mehr als in den gesamten 3,8 Mrd. Jahren danach und zwanzigmal so viel, wie der gesamte Marsmond Phobos an Masse hat. Ein Teil der Meteoriten war nur so groß wie Sandkörner, doch manche waren mächtiger als der Mount Everest. Diese Brocken durchbrachen beim Mond die Kruste, sodass Magma aus seinem damals noch flüssigem Inneren floss und die großen Maria oder Meere genannten Becken füllte, die wir heute mit bloßem Auge als dunkle Flächen sehen. Andere Einschlagskörper schafften es nicht ganz so tief. Sie rissen dafür mächtige Krater, die jeweils zehn- bis zwanzigmal größer waren als der Meteorit selbst. Der Mond bekam sein Gesicht, und es war schwer mitgenommen vom Kampf ums Überleben.

Natürlich war der Mond nicht das einzige Opfer des Bombardements, auch die Erde wurde von unzähligen Einschlägen geschüttelt. Allerdings besaß der Planet im Gegensatz zu seinem Mond einen fleißigen Jungbrunnen, der wie ein gutes Makeup die Spuren in den folgenden Jahrmillionen sorgfältig verwischte. Die Plattentektonik wälzte die Erdkruste ständig um, sodass die Meteoritenkerne längst unter das übrige Gestein gemischt wurden, und zusätzlich hat die Erosion die Ränder der Krater fein säuberlich abgeschliffen. Praktisch nichts ist übrig geblieben vom damaligen Meteoritenangriff. Alle Krater, die wir heutzutage auf der Erde finden, sind erst sehr viel später entstanden. Die permanente Verjüngungskur verlief so effektiv, dass wir heute ohne den vernarbten Mond überhaupt nichts vom großen Bombardement ahnen würden. Genau deshalb waren die Geologen in den 1970er Jahren so begierig darauf, einen ihrer Wissenschaftler auf den Mond zu schicken, um dort Indizien und Beweise einzusammeln.

Und dann war da noch die Frage, was eigentlich das ungewöhnlich heftige Bombardement überhaupt ausgelöst hatte.

Das Kartenhaus am Rande des Sonnensystems

Die Suche nach dem Täter ist bei diesem Kriminalfall, der 3,8 Mrd. Jahre zurückliegt und dessen Spuren teilweise verwischt wurden, auch für akribische Wissenschaftler keine leichte Aufgabe. Statt Fakten und harte Beobachtungsdaten bleiben ihnen deshalb manchmal nur Vermutungen und Modellrechnungen. Einige Forscher favorisieren die Idee, dass die Einschlagskörper des großen Bombardements entstanden, als zwei Protoplaneten miteinander kollidiert sind, ähnlich wie die Erde und Theia. Im Unterschied zu dem Ereignis, bei dem der Mond geboren wurde, haben sich die beiden Protoplaneten bei dieser Kollision gegenseitig zerstört, und ihre Trümmer schossen fortan unkontrolliert durch das Sonnensystem. Andere Wissenschaftler nehmen dagegen an, dass die Brocken zusammen mit den Planeten aus der protoplanetaren Scheibe entstanden sind. Weil sie nicht genug Material ansammeln konnten, sind sie auf dem Stadium von steinigen Asteroiden oder eisigen Kometen stehengeblieben. Für solch kleine Körper ist es schwierig, in dem komplexen Wechselspiel der Gravitationskräfte von Sonne und Planeten stabile Umlaufbahnen zu finden. Schon relativ harmlos erscheinende Störungen können ausreichen, um sie vom rechten Pfad abzubringen und auf die krumme Bahn zu führen. Ein Planet, der selbst ins Straucheln geraten ist und auf die Sonne zustürzt, könnte auf diese Weise eine ganze Armee von Kleinkörpern mitgerissen haben. Auch ein Stern, der vergleichsweise nahe am Sonnensystem vorbeigezogen war, hätte in dessen Außenbereichen für Chaos sorgen können.

Die meisten Astronomen sehen die Schuld für die unsicheren Verhältnisse im frühen Sonnensystem aber bei den Riesenplaneten Jupiter und Saturn. Die beiden Schwergewichte haben von Anfang an Unmengen von kleineren Objekten angezogen und sich damit eine Menge Ärger eingehandelt. Zwar macht ein einzelner Asteroid oder Komet nicht viel Eindruck auf einen Giganten mit der zigmillionenfachen Masse, aber wenn die Zahl der Kleinkörper, die mit ihrer bescheidenen Gravitationskraft an den Planeten zerren, groß genug ist, bringt das mit der Zeit auch den mächtigsten Riesen aus der Ruhe. In Computersimulationen für das frühe Sonnensystem mussten Jupiter und Saturn jedenfalls so viele Winzlinge aus Stein und Eis aus dem Weg räumen, dass sich dadurch ihre eigenen Umlaufbahnen veränderten. Weil Jupiter dabei die meisten Störenfriede nach außen in die Tiefen des Weltalls schleuderte, wanderte er selbst im Gegenzug dichter an die Sonne heran. Saturn katapultierte die Objekte hingegen bevorzugt nach innen und zog deshalb selbst nach außen.

Die veränderte Platzwahl der beiden Gasgiganten brachte aber nicht nur zahllose Kleinkörper aus dem Gleichgewicht, sondern setzte auch die ebenfalls großen Planeten Uranus und Neptun unter Zugzwang, als Saturn ihnen plötzlich gefährlich naherückte. Vor allem Neptun, der wohl ursprünglich weiter innen seine Bahnen zog als Uranus, wurde nun auf eine extrem langgestreckte Ellipse gezwungen, auf der er sich teilweise so weit von der Sonne entfernte, dass er in den Kuipergürtel geriet. In diesem weit außen liegenden Areal des Sonnensystems fristen Myriaden kleiner Eisbrocken ihr Dasein wie auf einer Art kosmischer Restehalde. Durch das Auftauchen des gewaltigen Neptun verloren einige von ihnen völlig den Takt und trudelten als Kometen auf die Sonne zu. Unterwegs kollidierten sie untereinander und mit Asteroiden, sodass wie bei einem Kartenhaus, bei dem jemand die falsche Karte herauszieht, ein erklecklicher Teil des empfindlichen Ganzen zusammenstürzte. Wehe den Planeten und Monden, die dann im Wege standen!

Aber wir können die Ereignisse des letzten großen Bombardements auch mit anderen Augen betrachten. Vielleicht waren sie so etwas wie das reinigende Gewitter, nach dem für die Planeten endlich die notwendige Ruhe eintreten konnte. Denn so heftig der Beschuss auch gewesen war, hat er doch dafür gesorgt, dass sehr viele Objekte, die sowieso auf unsicheren Pfaden um die Sonne zogen, schon in der Frühphase des Sonnensystems entfernt wurden. Nur wer eine einigermaßen stabile Umlaufbahn besaß, konnte die Unruhe am Rand problemlos überstehen. Jupiter und Saturn sowie Uranus und Neptun haben sozusagen in der Werkstatt der Planetenschmiede nach getaner Arbeit aufgeräumt. Die Sonne und die Planeten waren fertig und gelungen, einige Asteroide und Kometen dürfen in sicheren Bereichen weiterhin ihr Dasein fristen, aber der grobe Rest, der die ganze Arbeit wieder hätte zunichtemachen können, war nun entsorgt. Daher sind alle Krater, die beispielsweise der Mond nach dem Ende des großen Bombardements davongetragen hat, deutlich kleiner als die Narben aus den 50 Mio. Jahren des heftigen Dauerbeschusses.

Trotzdem hatte das letzte große Bombardement die Erde in ihrer Entwicklung um Jahrmillionen zurückgeworfen. War sie zu dessen Beginn so weit gediehen, dass sich die ersten zaghaften Ansätze für Leben zeigen konnten, setzte das Höllenfeuer aus fallenden Steinen und glühender Lava alles wieder auf Null. Wer im Steinhagel wohnt, sollte sich eben kein Glashaus bauen – und Leben war und ist ein äußerst fragiler Zustand, der sich stabile Verhältnisse wünscht. Doch gerade damit konnte die Erde während des Bombardements nicht dienen. Erst im Anschluss wurde es auf dem Planeten endlich sicher genug für die ersten biologischen Experimente. Aber die Gefahr durch Asteroide und Kometen war keineswegs vorüber.

Selbstmordattentäter aus dem All

Auch wenn der Erde kaum noch ein Großangriff wie zu Zeiten des großen Bombardements droht, können marodierende Einzeltäter nach wie vor schweren Schaden anrichten. Aufgrund ihrer hohen Geschwindigkeiten werden selbst kleine Objekte zu tödlichen Geschossen. In der Nähe der Erdbahn erreichen Meteoride (mit „d" geschrieben) bis zu 150 000 km pro Stunde, hinzu kommt die Bahngeschwindigkeit der Erde von 100 000 km pro Stunde, sodass ein Objekt bis zu 250 000 km pro Stunde schnell sein kann, wenn es mit der Erde kollidiert – immerhin 60-mal schneller als eine Gewehrkugel und noch 9-mal schneller als die Internationale Raumstation ISS im Orbit um die Erde. In den meisten Fällen verglüht der Meteorid durch die Reibungshitze in der Atmosphäre als Meteor oder Sternschnuppe. Nur wenn er groß und kompakt genug ist, steht er den kurzen, aber heftigen Trip durch die Lufthülle bis zum Boden durch und schlägt als Meteorit (nun mit einem „t") auf. Anhand von automatisch aufgezeichneten Meteorbahnen über Kanada haben Wissenschaftler errechnet, dass jedes Jahr rund 19 000 Meteoriten auf die Erde niedergehen. Da die Erde zum größten Teil von Wasser bedeckt ist, versinken die meisten unbemerkt in den Ozeanen, doch etwa 5 800 treffen auf Land. Für Deutschland bedeutet dies, dass jedes Jahr im Schnitt 14 Meteoriten einschlagen.

Meistens handelt es sich dabei um Winzlinge, die nur noch so groß wie Kieselsteine sind. Doch auch überschallschnelle Kieselsteine sind gefährlich, und so gehen immer wieder Berichte durch die Presse, dass Menschen von Meteoriten getötet oder verletzt wurden. So soll 2004 in England eine Frau beim Aufhängen der Wäsche im Garten von einem Meteoriten am Arm verletzt worden sein. Mehr Pech hatten angeblich drei indische Nomaden, die 2007 bei der Explosion eines Meteoriten getötet wurden. Auch der Meteor von Tscheljabinsk, der am 15. Februar 2013 über dem russischen Uralgebirge niedergegangen ist, hat die meisten Schäden indirekt verursacht. Ursprünglich hatte er wohl einen Durchmesser von 20 m und wog 10 000 Tonnen, doch in der Atmosphäre brach er auseinander, und die Druckwelle zerstörte das Dach einer Fabrikhalle und zerschmetterte tausende Fensterscheiben in sechs Ortschaften der Region. Fast 1500 Menschen wurden verletzt, die meisten durch Glassplitter. Nie zuvor hatte ein Meteoriteneinschlag so viele Menschen in Mitleidenschaft gezogen. Aber trotzdem war dies nicht der gewaltigste Meteor, den Russland erlebt hatte.

Die Energie des Meteors von Tscheljabinsk wird auf 100 bis 1000 Kilotonnen TNT-Äquivalent geschätzt – mindestens zehnmal so viel wie die Hiroshimabombe. Für den Meteoriten, der 1908 mitten über Sibirien explodiert ist, rechnen die Wissenschaftler mit der vier- bis vierzigfachen Sprengkraft (siehe Abb. 5.2). Falls es sich überhaupt um einen Meteoriten gehandelt hat, denn wirklich sicher ist das nicht. Bis heute fehlen vor allem die Bruchstücke, die nach der mutmaßlichen Explosion eines 60 m großen Steinbrockens in acht Kilometern Höhe überall verstreut sein müssten. Fest steht jedenfalls, dass am 30. Juni kurz nach sieben Uhr morgens ein heller Feuerschein über dem Fluss *Steinige Tunguska* bis in 500 km Entfernung zu sehen war, begleitet von einem gewaltigen Knall, dessen Druckwelle noch im 7000 km entfernten London wahrzunehmen war. Zu einer

Abb. 5.2 Vermutlich war ein Meteor der Auslöser für das Tunguska-Ereignis von 1908. Auf einer Fläche von mehr als 2000 Quadratkilometern knickte eine Explosion Millionen Bäume um. Erst 19 Jahre später erreichte eine Expedition unter der Leitung des russischen Forschers Leonid Kulik das Gebiet und schoss dabei unter anderem dieses Foto. © Yevgeny Leonidovich Krinov, Mitglied der Expedition zum Tunguska-Ereignis 1929, Wikimedia Commons

Zeit, in der Flugzeuge klapprige Seltenheiten waren und Expeditionen per Eisenbahn, Pferd, Maulesel oder schlicht zu Fuß ihren Weg finden mussten, dauerte es 19 Jahre, bis das erste Forscherteam unter Leitung des russischen Mineralogen Leonid Kulik den Ort des Geschehens erreichte. Oder vielmehr das, was davon übrig geblieben war. Denn wo sich einst dichter Wald erstreckte, waren auf einer Fläche von der Größe des Saarlandes rund 60 Mio. Bäume umgeknickt worden. Augenzeugen aus der dünn besiedelten Region erzählten, dass die Hitze Metall geschmolzen und Bäume in Brand gesteckt haben soll. Die Druckwelle hatte Hütten umgeweht und Menschen von den Füßen gerissen. Splitter oder andere Überreste eines Meteoriten fanden die Wissenschaftler allerdings nicht. Hätte die Katastrophe eine dichter besiedelte Region, wie beispielsweise Moskau, betroffen, wäre die Stadt vermutlich mitsamt allen Einwohnern vernichtet worden.

Das Leben auf der Erde brauchte unbedingt einen wirksamen Schutz vor der Gefahr aus dem All. Zwar haben das Jet Propulsion Laboratory, die NASA und die US-amerikanische Luftwaffe das Projekt *Near Earth Asteroid Tracking* ins Leben gerufen, mit dem sie den Himmel nach erdnahen Asteroiden absuchen, die unserem Planeten gefährlich nahe kommen könnten – über 18 000 Exemplare stehen bereits auf der Liste, darunter 42 Asteroide mit mehr als einem Kilometer Durchmesser, die das Potenzial zu einem Hollywood-reifem Desaster hätten – doch anders als im Film fehlt es uns in der Realität an einem guten Plan, was wir tun könnten, wenn tatsächlich ein großer Brocken auf Kollisionskurs wäre. Ihn zu sprengen, wäre keine gute Idee, da die Explosion aus einem einzelnen Geschoss eine gestreute Schrotladung machen könnte, deren Fragmente auf der ganzen Erde verstreut niedergehen würden. Ein besserer Ansatz wäre, den Asteroiden seitlich anzustoßen und ihn auf eine neue Bahn zu zwingen, die an der Erde vorbeiführt. Allerdings dürfte schon eine kleine Kursänderung äußerst schwierig einzuleiten sein. Wir müssten den anfliegenden Asteroiden also sehr frühzeitig entdecken, um ihn noch rechtzeitig umzulenken.

Es ist russisches Roulette, das wir mit dem Sonnensystem spielen. Aber zum Glück hat es uns zwei bewährte Bodyguards zur Seite gestellt, die schon oft die Kugel für uns abgefangen haben.

Glücksfall Nummer Fünf: Die Erde hat zwei kosmische Beschützer

So beeindruckend die Meteore von Tscheljabinsk und Tunguska waren – auf dem Jupiter hätten sie es kaum bis in die Nachrichten geschafft. Der Gasriese ist auch nach seiner emsigen Säuberungsaktion, mit der vermutlich das letzte große Bombardement ausgelöst wurde, nicht müde geworden, weiter verirrte Brocken einzusammeln, die sich in seine Nähe wagen. Mit schätzungsweise 2000- bis 8000-mal so vielen Einschläge wie die Erde ist der Jupiter eine Art kosmischer Staubsauger. Im Schnitt alle 500 Jahre erlebt er eine wirklich heftige Kollision, wenn das Objekt einen Durchmesser von 300 m hat, und einmal in 6000 Jahren schlägt sogar ein Asteroid oder Komet von 1,6 km ein. Hätte das innere Sonnensystem nicht einen Türsteher wie Jupiter an seiner Außengrenze, wäre die Erde auch heute noch in ständiger Gefahr.

Was Jupiter durchgehen lässt oder seinen Ursprung im Asteroidengürtel zwischen Mars und Jupiter hat, das fängt oft genug der Mond ab. Im Verhältnis zu den Ausmaßen der Erde ist er ungewöhnlich groß. Dadurch wird er häufig von Objekten getroffen, die sonst die Erde erreicht hätten, wie ein Blick auf seine von Kratern übersäte Rückseite verrät. Ohne ihren Bodyguard hätte die Erde dem Leben kaum eine sichere und stabile Umgebung bieten können, und die Evolution hätte wahrscheinlich immer wieder Rückschläge einstecken müssen, sodass womöglich niemals komplexere Lebensformen entstanden wären. Wir haben also Glück gehabt mit unseren beiden himmlischen Beschützern.

Die Natur konnte endlich anfangen, ein bisschen mit den Elementen zu experimentieren und das richtige Baumaterial auszuwählen für ihren größten Trick – das Leben.

Wo Sie mehr erfahren

- David H. Levy et al. *Wie Shoemaker-Levy 9 auf den Jupiter einschlug.* Spektrum der Wissenschaft 10(1995) Ein Bericht von den Wissenschaftlern selbst über die Entdeckung des Kometen Shoemaker-Levy 9 und seinen Einschlag auf dem Jupiter.
- Dagmar Röhrlich: *Grollen über Tunguska.* Deutschlandfunk (2008) Bericht über eine Expedition zum sibirischen Ort der mutmaßlichen Meteoritenexplosion. Der Text ist im Internet abrufbar unter: http://www.dradio.de/dlf/sendungen/wib/801181/
- Steven M. Stanley: *Historische Geologie – Eine Einführung in die Geschichte der Erde und des Lebens.* Spektrum Verlag (2001) Ein Standard-Lehrbuch zur Erdgeschichte, das auch die Entstehung des Planeten behandelt.
- alpha-Centauri: *Wie entstand der Mond?*

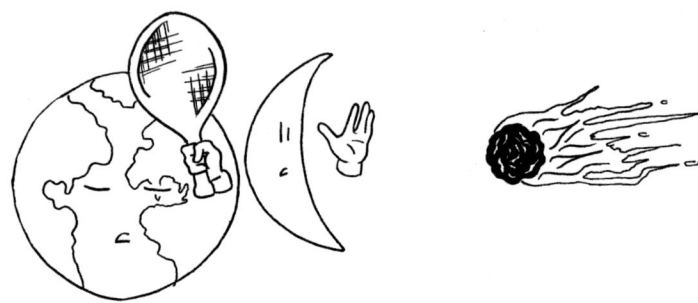

Vorteil Erde! (© Salome Hunziker)

http://www.br.de/fernsehen/br-alpha/sendungen/alpha-centauri/alpha-centauri-mond-1999_x100.html
Video mit Prof. Harald Lesch, der drei Hypothesen zur Entstehung des Mondes bespricht.
• http://www2.jpl.nasa.gov/sl9/sl9.html
Homepage der NASA zum Kometen Shoemaker-Levy 9 und dessen Einschlag auf dem Jupiter.

6

Der Stoff, aus dem das Leben ist

Im Grunde sind wir alle gleich. Ob Bakterium oder Pottwal, Amöbe oder Topfpflanze, Dschungelcamppromi oder Nobelpreisträger – bei genauerer Betrachtung bestehen wir alle aus einer Handvoll Elemente, die in raffinierter Weise miteinander kombiniert sind. Die Wahl der Bausteine ist dabei nicht beliebig. Nur wenige Sorten von Atomen bieten das richtige Maß an Flexibilität, Reaktionsfreude, Stabilität und stoischer Duldsamkeit, die Moleküle brauchen, um das organisierte Chaos des Lebens umzusetzen. Auf der Erde sind die geeigneten Elemente in Hülle und Fülle vorhanden. Glück gehabt!

Dass Arsen nicht gesund ist, weiß jeder Leser von Kriminalromanen. Je nachdem, in welcher Verbindung es vorkommt, kann es schnell oder langsam töten, Krebs auslösen oder schlichtweg gar nichts machen und den Körper ohne Symptome wieder mit dem Urin verlassen. Unter Giftmördern besonders beliebt war Arsen in Form von Arsentrioxid, besser bekannt unter der Bezeichnung Arsenik. Einmal, weil schon geringe Mengen höchst toxisch sind, aber vor allem aus dem praktischen Grund, dass es früher ein wichtiger Bestandteil von Rattengift und deshalb einfach zu bekommen war. Hinzu kam, dass es erst im Jahr 1836 gelang, einen Nachweis für eine Arsenikvergiftung zu entwickeln. Deshalb geriet die weiße Substanz, die in Frankreich aus offensichtlichen Gründen auch den Namen „Erbschaftspulver" trug, zum Ende des 19. Jahrhunderts allmählich aus der Mode. Und selbst Napoleon Bonaparte ist nicht, wie viele Wissenschaftler noch vor wenigen Jahren vermutet haben, an den Arsenverbindungen gestorben, die seine Tapeten ausgedünstet haben, sondern höchstwahrscheinlich an einer heftigen Magenblutung infolge eines fortgeschrittenen Magenkrebses.

Arsen ist aber nicht nur giftig, es kann auch lebensnotwendig sein. Ob der Mensch zum Leben Spuren des Elements benötigt, ist bislang nicht vollständig geklärt, da die Menge des Arsens, das wir mit der täglichen Nahrung aufnehmen, sowieso weit über dem potenziellen Minimum liegt. Bei Hühnern ist die Abhängigkeit deutlicher. Werden sie mit arsenfreiem Futter großgezogen, entwickeln sie auffällige Wachstumsstörungen. Sind die Körner dagegen gut mit Arsen angereichert, werden die Vögel schön fett. Und nicht nur Hühner sprechen auf die Arsenmast an, auch Schweine wachsen mit ein wenig Gift gleich viel besser, Rennpferde laufen schneller – und in einigen Alpenregionen nutzten in früheren Zeiten Arsenikesser genannte Arbeiter und Landwirte den Stoff als stimulierende Droge.

Die Idee, dass Arsen sogar eines der Basiselemente des Lebens sein könnte, ist jedoch relativ neu. Im Jahr 2010 wollte die US-amerikanische Geomikrobiologin Felisa Wolfe-Simon mit dieser Entdeckung in die Wissenschaftsgeschichte eingehen. Doch wie es beim Arsen eben so ist: Ihre Hypothese sollte sich am Ende als schleichendes Gift erweisen.

Auf der Suche nach der Ausnahme

Die kurze Karriere von Felisa Wolfe-Simon fing bereits außergewöhnlich an. Vielleicht konnte sie sich nicht entscheiden, vielleicht wollte sie ihren Vater, der Trompetenspieler war, nicht enttäuschen, jedenfalls schrieb Felisa Wolfe sich an dem kleinen College in Oberlin, Ohio, nicht nur für die Studiengänge Biologie und Chemie ein, sondern meldete sich zusätzlich am Musikkonservatorium für das Fach Oboe an. Bei dem Pensum blieb nicht viel Zeit zwischen Hörsaal, Labor und Probenraum. Darum musste die Musik nach den erfolgreichen Bachelorabschlüssen zurückstecken, als Felisa an die renommiertere Rutgers University wechselte und dort das Leben anderer Lebensformen mit außergewöhnlichen Vorlieben erforschte.

Die junge Wissenschaftlerin war fasziniert von den Anpassungsfähigkeiten der Mikroorganismen, die es immer wieder schafften, sich selbst in den widrigsten Lebensräumen zurechtzufinden. So gibt es beispielsweise Bakterien, die in starker Säure wachsen, sich in der Tiefsee bei Temperaturen von über 100 Grad Celsius wohlfühlen oder kilometertief in der Erdkruste ihre Energie aus dem radioaktiven Zerfall des Gesteins gewinnen. Nachdem sie promoviert hatte, konzentrierte sich die jetzt auch verheiratete Wolfe-Simon deshalb auf Bakterien mit ausgefallenen Stoffwechselwegen.

Dabei stieß sie bald auf das Konzept der biologischen Schattenwelt, wonach es neben den bekannten Organismen in speziellen Lebensräumen auch Bakterien geben soll, die grundsätzlich anders sind – gewissermaßen biochemische Freaks, die seltene Aminosäuren verwenden, ihre Erbinformation nicht als DNA-Strang sichern oder ungewöhnliche Elemente in ihre Moleküle einbauen. Vor allem dieser Einsatz der „falschen" Atome interessierte Wolfe-Simon. Sie war überzeugt, dass Arsen ein guter Kandidat für solch einen Austausch wäre. Das Element ist chemisch eng mit Phosphor verwandt, der in lebenden Zellen eine Schlüsselrolle spielt. In Kombination mit vier Sauerstoffatomen bildet Phosphor sogenanntes Phosphat – eine Gruppe, die als eine Art chemischer Klettverschluss sowohl die Energieträger der Zelle als auch die DNA zusammenhält und mit reversiblen Sollbruchstellen versieht. An Phosphaten können Moleküle nach Belieben aufgetrennt und wieder zusammengefügt werden, sogar die dafür notwendige Energie bringen sie selber mit, wenn sie in Dreiergrüppchen auftreten. Weil keine andere chemische Gruppe diese Funktion übernehmen kann, hat der Phosphor eine bislang unangefochtene Monopolstellung in der Zelle, die ohne ihn nicht überleben kann. Es sei denn, so dachte Wolfe-Simon, die Zelle hat gelernt, den Phosphor durch Arsen zu ersetzen.

In den folgenden Jahren ging sie ganz in dem Gedanken auf. Schon 2009 – gerade einmal drei Jahre nach ihrer Promotion – stellte sie ihre Hypothese auf Kongressen und in Zeitschriften der Fachwelt vor. Ohne nennenswerte Resonanz. Abstrakte Überlegungen zählen in der Biologie nicht viel, wenn sie nicht mit Beobachtungen oder Experimenten untermauert werden. Was Wolfe-Simon brauchte, war ein Bakterium, das ihre Idee praktisch lebte. Ein Organismus, der zumindest teilweise Arsen anstelle von Phosphor nutzte. Ein Wesen wie von einer anderen Welt.

Für US-amerikanische Mikrobiologen liegt die andere Welt traditionell im östlichen Teil von Kalifornien und heißt Mono Lake (siehe Abb. 6.1). Der rund 180 Qua-

Abb. 6.1   Fast schon außerirdisch: der Mono Lake in Kalifornien. Bei niedrigem Wasserstand erheben sich bizarre Türme von Kalktuff und verleihen ihm das Flair einer Landschaft von einer anderen Welt. In dem salzhaltigen alkalischen Wasser lebt das Bakterium GFAJ-1, das erstaunlich gut mit hohen Konzentrationen an Arsenat zurechtkommt. © Jodi Switzer Blum, NASA

dratkilometer große See wird von den Bergen der Sierra Nevada gespeist, hat aber keinen Abfluss. Wasser, das hineinfließt, kann den Mono Lake also nur verlassen, indem es verdunstet. Weil es dabei die mitgebrachten Mineralien zurücklässt, ist der See je nach Wasserstand doppelt bis dreimal so salzig wie Meerwasser. Obendrein ist er alkalisch wie Seife und enthält außergewöhnlich hohe Konzentrationen an Schwefel, Bor – und Arsen. Eine Kombination von ungemütlichen Umständen, die es so kein zweites Mal auf der Erde gibt und die eine ganz spezielle Gemeinschaft von

Lebewesen beherbergt. Hier sammelte Wolfe-Simon ihre Proben, und versuchte sie dann im Labor zu kultivieren. Aber meistens tat sich auf den mit Arsenaten versetzten Nährböden gar nichts.

Bis es eines Tages doch ein Bakterienstamm schaffte, in der giftigen Lösung zu wachsen. Für Wolfe-Simon gab es nun kein Halten mehr. Sie entwarf Experiment um Experiment, führte Versuche mit verschiedenen Arsenkonzentrationen durch und schickte Proben zur Analyse an andere Wissenschaftler. Die Ergebnisse waren für sie eindeutig: Ihre Bakterien konnten nicht nur mit dem Arsen leben – sie bauten es sogar in ihre Biomoleküle ein. Es war genau, wie Felisa Wolfe-Simon es sich erhofft hatte, und ihr war klar, dass die Entdeckung eines Arsen-Organismus nicht einfach eine banale wissenschaftliche Sensation wäre, sondern einer biochemischen Revolution gleichkäme. Mit diesem Fund könnte sie sich in Zukunft aussuchen, an welcher Universität sie eine Professur bekleiden wollte. Also wählte ihr Team einen passenden Namen für den Bakterienstamm: GFAJ-1 – das Akronym für „Get Felisa A Job".

Wissenschaft als Showgeschäft

Bis zu diesem Zeitpunkt war die Geschichte der Arsen-Bakterien wie viele andere vermeintliche und wahre große Entdeckungen verlaufen. Und sie hätte sich wahrscheinlich weiterhin einigermaßen unauffällig entwickelt – wenn nicht die NASA das Heft des Handelns an sich gerissen hätte. Seit 2010 förderte die Weltraumbehörde Wolfe-Simons Forschung im Rahmen ihres Astrobiology Institute.

Gleichzeitig musste die NASA als öffentliche Einrichtung permanent im Kongress um ihr eigenes Budget kämpfen. Kein leichtes Unterfangen in Zeiten knapper Kassen, wenn die Suche nach Leben auf fremden Welten seit Jahren nichts Spannenderes vorzuweisen hat als schwache Spuren von Wasser auf einem staubtoten Mars. Als die Verantwortlichen von Wolfe-Simons Arsen-Mikroben erfuhren, witterten sie die Chance auf einen PR-Coup, der die immer zahlungsunwilligere Öffentlichkeit in spendablere Laune versetzen sollte.

Zu diesem Ziel passte nichts weniger als der traditionelle Werdegang einer wissenschaftlichen Neuigkeit. Danach hätte Wolfe-Simon zunächst einen wissenschaftlichen Artikel schreiben und bei einer Zeitschrift einreichen müssen. Soweit war sie auch bereits gekommen, und ihr Text lag inzwischen der Redaktion von *Science* – einer der weltweit angesehensten Wissenschaftszeitschriften – vor, die ihn zur Prüfung an mehrere Gutachter weitergeleitet hatte. In der Regel dauert es Monate, bis der Artikel mit der Bitte um einige Korrekturen und zusätzliche Experimente zurückkommt und irgendwann tatsächlich zur Veröffentlichung angenommen wird. Erst jetzt dürfen die Pressestellen der beteiligten Forschungsinstitute Pressemitteilungen fertigstellen, die dann wenige Tage vor Erscheinen der Fachzeitschrift den Medien zugehen. Wenn nun noch einige Journalisten die Bedeutung der Ergebnisse erkennen, gibt es kurz darauf in den Zeitungen, Publikumszeitschriften und Onlinemedien ein paar Berichte zu den Arsen-Bakterien – so ungefähr auf Seite zwölf und bestimmt nicht länger als eine, maximal zwei Spalten.

Das konnte die NASA besser! Zuerst setzte sie eine Pressekonferenz an, auf der sie „eine astrobiologische Entdeckung, die Auswirkungen auf die Suche nach Leben außerhalb der Erde haben wird" vorstellen wollte. Kein Wort von „Aliens", und doch erwarten die herbeiströmenden Reporter mindestens, dass ihnen einige Außerirdische vorgestellt werden. Ihnen präsentierte die NASA in einer einstündigen Show die Ergebnisse von Wolfe-Simon mit der Forscherin live auf dem Podium. Von „Leben, das anders ist, als wir es kennen", sprach die Direktorin des Astrobiologie-Programms und wollte am liebsten die Lehrbücher der Biologie gleich neu schreiben lassen. Offenkundig mitgerissen von ihrer eigenen Wichtigkeit stimmte Wolfe-Simon ein. „Wir haben die Tür aufgestoßen zu den Möglichkeiten, die das Leben an anderen Orten im Universum hat", sagte sie und fragte prophetisch, was wir wohl noch herausfinden werden.

Die Veranstaltung schien im ersten Moment ein Volltreffer zu sein. Die Medien sprangen wie vorhergesagt an, es gab Schlagzeilen auf den Titelseiten, und jede Nachrichtensendung im Fernsehen brachte einen langen Bericht über die Aliens aus dem Mono Lake.

Aber dann kam der Bumerang zurück. Und er traf vor allem Wolfe-Simon mit voller Wucht.

Aus dem Rampenlicht an den Pranger

Es dauerte nur Stunden, bis sich die ersten Wissenschaftler mit ihren Zweifeln im Internet zu Wort meldeten. Sie führten an, dass es die chemischen Eigenschaften von Arsen einfach nicht hergaben, eine DNA mit dem Element stabil zu halten. Sie rechneten vor, dass die geringen Phosphatreste in den Nährmedien durchaus reichten, damit die Bakterien ganz normal mit Phosphor statt mit Arsen wachsen konnten. Sie bemängelten, dass wichtige Kontrollexperimente einfach vergessen worden waren. Und im Laufe der Zeit zeigte sich vor allem: Keiner von ihnen konnte die Ergebnisse von Wolfe-Simon reproduzieren. Selbst Monate nach der Pressekonferenz und der Veröffentlichung des Artikels in *Science* kam kein weiteres Labor zu dem Schluss, dass GFAJ-1 in irgendeines seiner Biomoleküle Arsen einbaut. Der angebliche Alien, für den die Lehrbücher neu geschrieben werden sollten, war ein ganz normales Bakterium mit einer ungewöhnlichen Toleranz gegenüber Arsen, das sich sonst aber durchaus in das vorhandene mikrobiologische Wissen einfügte. Wolfe-Simons Sensation war geplatzt, die Revolution gescheitert. Es war einer von vielen verpufften Träumen in der Wissenschaft.

Wenn nur die NASA nicht so laut die Trommel gerührt hätte. Während die Forschergemeinschaft keine Probleme damit hat, ein fehlinterpretiertes oder misslungenes Experiment zu verzeihen, kann sie mit kritischer Presse und neugierigen Journalisten nur schlecht umgehen. Anfangs versuchte die NASA es mit einer ungewohnten Verschwiegenheit, angeblich, um den wissenschaftlichen Prüfungsprozess nicht zu stören. Die Behörde wollte die Peinlichkeit einfach aussitzen, wie sie es schon 1996 gemacht hatte, als sie – ebenfalls in einer vorzeitigen Pressekonferenz – verkündet hatte, in einem Marsmeteoriten fossile Bakterien gefunden zu haben, an deren Existenz inzwischen kaum mehr ein Wissenschaftler glaubt. Ganz so einfach konnte es sich Wolfe-Simon nicht machen. Zwar mauerte sie ebenfalls gegenüber allen Anfragen der Medien, aber mit jedem Argument, das gegen ihre Arsen-Bakterien sprach, bröckelte ein wenig mehr von ihrem noch bescheidenen wissenschaftlichen Ruf weg. Sie erkannte, wie hoch sie gepokert hatte. Wären ihre Ergebnisse richtig gewesen, hätte sie zu den Großen der Biologie gezählt und den Nobelpreis quasi im Vorbeigehen mitgenommen. Jetzt, wo sich alles als ein dummerweise fürchterlich aufgebauschter Irrtum herausstellte, war es gut möglich, dass sie vor den Trümmern einer Karriere stand, die eigentlich noch gar nicht richtig begonnen hatte.

Kurz darauf ließ ihr Laborleiter sie fallen. Beinahe von einem Tag auf den anderen musste Wolfe-Simon ihren Arbeitsplatz räumen, an dem sie die Versuche mit GFAJ-1 durchgeführt hatte. Das Bakterium hatte Felisa keinen neuen Job gebracht, sondern sie den alten gekostet.

Regeln für die Elemente des Lebens

Arsen war also keine wirkliche Alternative für das Leben, das sich anscheinend schon früh in der Evolution auf einen Sechserpack mit anderen Elementen festgelegt hatte: Wasserstoff, Kohlenstoff, Stickstoff, Sauerstoff, Phosphor und Schwefel. Jeder dieser Sechs verfügt über ganz besondere Eigenschaften, die sich gegenseitig ergänzen und die Biomoleküle praktisch mit jeder verlangten Fähigkeit ausstatten.

Welches Element was kann, hängt vom Aufbau seiner Atome ab. Ganz grob betrachtet bestehen diese aus dem

Kern, in dem sich die elektrisch positiv geladenen Protonen befinden, und einer Hülle aus negativ geladenen Elektronen. Weil entgegengesetzte Ladungen einander anziehen, rücken die Elektronen so dicht an den Kern heran, wie es gerade möglich ist. Und an dieser Stelle wird es kompliziert. Klassisch betrachtet – also bei Anwendung der physikalischen Regeln für Dinge, die groß genug sind, um sie mit bloßem Auge sehen zu können – müssten die Elektronen schlicht und einfach auf Spiralbahnen in den Kern trudeln, und es wäre vorbei mit dem stabilen Aufbau des Atoms. Doch seltsamerweise passiert genau das nicht. Irgendetwas scheint die Elektronen innerhalb der Hülle zu halten und sie dort obendrein auf bestimmte Weise anzuordnen.

Die klügsten Köpfe des ausgehenden 19. und beginnenden 20. Jahrhunderts verbrachten manch schlaflose Nacht damit, dieses unerklärliche Verhalten der Elektronen eben doch zu erklären. Max Planck, Niels Bohr, Albert Einstein, Erwin Schrödinger, Werner Heisenberg … nahezu das gesamte Pantheon der Physik suchte jahrzehntelang nach einer passenden Theorie. Am Ende stand ein Modell, mit dem sich zwar nicht das Warum, aber immerhin das Wie beschreiben ließ: die Quantenphysik. Sie war Fluch und Segen zugleich. Einerseits zerstörte sie das anschauliche Bild vom Atom, in dem winzige kugelförmige Teilchen einander umkreisen, und ersetze es durch abstrakte mehrdimensionale Wahrscheinlichkeitsfunktionen, in denen Elektronen nicht ganz Welle und nicht ganz Teilchen sind und sich überall und nirgends zugleich aufhalten. Und das sind nur die simplen Aspekte der Quantenphysik. Manche ihrer Aussagen sind so abstrus, dass Einstein Zeit seines Lebens nach einer Lösung suchte, um die „spukhaften" Wirkungen der Theorie loszuwerden, und der Nobelpreisträger Richard Feynman war überzeugt, dass niemand die Quantenphysik wirklich verstehen könne. Sobald wir aber den inneren Widerstand gegen eine Theorie aufgeben, die nur aus Formeln und Gleichungen besteht, aber keinesfalls bildlich vorstellbar sein will, stellen wir verwundert fest, dass die Natur offenbar die gleichen Rechnungen anstellt und die Quantenphysik sagenhaft gut funktioniert. Selbst die irrwitzigsten theoretischen Vorhersagen der Quantenphysik treffen in Experimenten immer wieder praktisch wahrhaftig ein. Teilchen, die durch Wände gehen können – gibt es, und das Phänomen nennt sich Tunneleffekt. Objekte, die über beliebige Distanzen miteinander verschmolzen sind wie siamesische Zwillinge – sind im Versuch nachgewiesen und werden als verschränkte Teilchen bezeichnet. Strukturen, die gleichzeitig links- und rechtsherum rotieren – demonstrieren die Superposition von Zuständen und sollen demnächst in Quantencomputern für überragende Rechengeschwindigkeiten sorgen.

Die meisten dieser typischen Quantenphänomene brauchen wir aber nicht zu verstehen, wenn es darum geht, wieso sich das Leben ausgerechnet die eingangs erwähnten sechs Elemente als Bausteine ausgesucht hat. Dafür müssen wir eigentlich nur wissen, dass die Elektronen eines Atoms nach ihrem Energiegehalt in Gruppen angeordnet sind, die wir uns als Schalen vorstellen können, die von innen nach außen mit den vorhandenen Elektronen aufgefüllt werden. Im Idealfall befinden sich dann auf der äußersten Schale genau acht Elektronen. Diese Konfiguration tritt allerdings nur bei den Edelgasen auf. Unsere Bioelemente müssen dagegen auf einen Trick zurückgreifen, um diese sogenannte

Oktettregel zu erfüllen: Ihre Atome teilen sich Elektronen mit anderen Atomen. Weil dabei keiner der Partner sein eingesetztes Elektron ganz aufgibt, bleiben die Atome eng miteinander verbunden – so entsteht eine chemische Bindung. In diesen Bindungen steckt ein großer Teil des Geheimnisses der biologischen Moleküle und ihrer Elemente. Denn ganz so fair und brüderlich geht es beim Teilen nicht immer zu. Zum Glück!

Spezialisten für alle Fälle

Der Grundbaustein für die Moleküle des Lebens ist Kohlenstoff. Der große Vorteil dieses Elements ist, dass Kohlenstoff in vielerlei Hinsicht in der goldenen Mitte liegt. So hat ein Kohlenstoffatom vier Außenelektronen und damit exakt die Hälfte der magischen acht Elektronen, die von der Oktettregel vorgeschrieben sind. Kohlenstoffatome sind deshalb unbedingt darauf angewiesen, sich Partner für chemische Bindungen zu suchen, und dabei sind sie ausgesprochen erfolgreich. Ihr Geheimnis liegt in der Flexibilität, mit der die Atome auf potenzielle Bindungspartner reagieren können. Während andere Elemente ziemlich stur nach immer den gleichen Schemata vorgehen, organisiert Kohlenstoff seine äußeren Elektronen so, dass deren Energie und Anordnung zur jeweiligen Situation passt. Je nachdem, was gewünscht ist, bauen seine Atome Einfachbindungen, Doppelbindungen oder in besonderen Fällen sogar Dreifachbindungen auf. Auf diese Weise entsteht eine unglaubliche Vielfalt von Molekularstrukturen: von kurzen, geraden Molekülen, wie Kohlendioxid und kleinen Dreieckspyramiden beim Methan, über langgestreckte Ketten in den Fettsäuren der Zellmembranen und Ringssystemen in den Hämgruppen des Hämoglobins, bis hin zu komplexen dreidimensionalen Gebilden wie dem Lignin des Holzes. Was auch immer eine Zelle bauen will – Kohlenstoff ist die richtige Wahl für das Grundgerüst.

Die Anpassungsfähigkeit des Kohlenstoffs bringt es aber mit sich, dass dessen Atome gewissermaßen auch dann keine Ecken und Kanten bieten, wenn diese für bestimmte Zwecke gebraucht werden. In solchen Fällen greift das Leben daher auf andere Elemente zurück. Einer dieser Spezialisten ist Stickstoff. Seine Atome besitzen fünf Außenelektronen, und so fehlen nur drei zur vollen Schale. Zwei der fünf Elektronen brauchen deshalb nicht an irgendwelchen Bindungen teilzunehmen und sitzen als freies Paar unbeteiligt am Rand des Atoms. Ihre negativen Ladungen wirken jedoch auf andere Teilchen, die eine positive Ladung tragen, und ziehen sie an. Das nutzt das Leben, indem es in verschiedenen Molekülen an günstigen Stellen Stickstoffatome einbaut, die über ihre elektrostatische Anziehung Kraftfelder aufbauen, in denen sich nützliche Atome fangen lassen. Beispielsweise hält Stickstoff auf diese Weise in jedem Chlorophyllmolekül ein Magnesiumatom fest, und in jedem Hämoglobin bindet es mit Häm genannten Molekülen jeweils ein Eisenatom. Auch in Proteinen ist Stickstoff ein wesentlicher Bestandteil. Hier rutschen die beiden freien Elektronen zwischenzeitlich gerne in die Bindungen zu den Nachbaratomen hinein und machen diese damit starrer, wodurch das Protein eine gewisse Grundform erhält, die dann über andere Bindungen in die richtige dreidimensionale Struktur gebracht wird.

Wenn es richtig stabil werden soll, besitzen Proteine häufig kurze Ketten, an deren Enden Schwefelatome hängen. Sobald sich zwei von ihnen begegnen, verbinden sich die Schwefelatome miteinander und halten zusammen wie Pech und eben Schwefel. Wer jemals versucht hat, krause Haare zu glätten oder für eine Dauerwelle glatte Haare zu kräuseln, weiß, dass die Keratinproteine im Haar nur mit Chemie und Hitze dazu zu bringen sind, ihre Schwefelbrücken aufzubrechen und in anderer Kombination neu zu bilden. Schwefel im Doppelpack ist sozusagen der Superkleber für Proteine. Ein Schwefelatom alleine ist nicht ganz so kraftvoll. Dafür hat es die Tendenz, andere Substanzen zu greifen, sodass Enzyme Schwefel gerne als eine Art molekulare Hand benutzen, mit der sie die Partner für chemische Reaktionen einsammeln und zusammenführen.

Soll es noch eine Spur reaktionsfreudiger werden, ist Sauerstoff das richtige Element. Seinen Atomen fehlen nur zwei Elektronen, um die Oktettregel zu erfüllen – und die besorgt sich der Sauerstoff zur Not mit Gewalt. Sauerstoffatome ziehen in Bindungen die gemeinsamen Elektronen weit zu sich herüber, sodass sie selbst leicht negativ geladen sind und der bedauernswerte Bindungspartner eine schwache positive Ladung aufweist. Die Ladungen bauen elektrische Felder auf, mit denen andere Verbindungen angezogen werden. Auf diese Weise halten beispielsweise Wassermoleküle zusammen, obwohl sie eigentlich bei Raumtemperatur verdunsten müssten. Kommen gleich mehrere Sauerstoffatome in einer Gruppe zusammen, können sie einen so starken Sog entwickeln, dass sie die Elektronen über weite Bereiche eines Moleküls verschieben oder anderen Atomen ihre Elektronen vollständig entreißen. Sehr viele biochemische Reaktionen laufen nur dank dieser Aggressivität des Sauerstoffs ab.

Eine der besonders aktiven Gruppen bildet Sauerstoff, wenn vier seiner Atome mit einem Phosphoratom als Phosphat zusammenwirken. Der Phosphor sammelt dabei die Sauerstoffatome um sich herum an, sodass eine kleine Pyramide mit dreieckiger Grundfläche entsteht, die für gewöhnlich einige gestohlene Elektronen trägt. Lebende Zellen nutzen gerne Kombinationen von drei solcher Phosphatgruppen, die direkt aneinander hängen. Weil sich jedes dieser Phosphate selbst genug ist, lässt sich leicht eine der drei Gruppen abspalten, wobei Energie frei wird, mit der ein anderer Prozess, der Energie benötigt, angetrieben werden kann. Solche Triphosphate sind daher so etwas wie die Energiewährung der Zelle. Wird ein Phosphat selbst in eine Molekülkette eingebaut, wie beispielsweise im Rückgrat der DNA, lässt sich die Kette an dieser Stelle relativ einfach wie mit einem Klettverschluss oder einer Steckverbindung öffnen und schließen. Bei der DNA, deren langer Faden in Zellen vielfach verdreht und verdrillt ist, können Enzyme deshalb das Molekül gezielt aufschneiden, ein kurzes Stück entwirren und anschließend den Faden wieder flicken, ohne dass es ein heilloses Durcheinander voller Knoten gibt.

Das Sextett der grundlegenden Bioelemente vervollständigt der Wasserstoff, der als Füllmaterial immer dort eine Bindung eingeht, wo noch ein Elektron gebraucht wird, aber keine besondere Eigenschaft vonnöten ist. Wasserstoff bringt jederzeit gerne sein einziges Elektron in eine Bindung ein und ist damit auch schon zufrieden, denn als einziges der Bioelemente benötigt er keine acht Elektronen, sondern nur zwei. Da das einzelne Proton, aus dem der

Wasserstoffkern besteht, sein Elektron nicht sonderlich gut festhalten kann, wird Wasserstoff bei Reaktionen häufig als Elektronenspender benutzt. Das komplizierte Hin und Her von Elektronen und Wasserstoffkernen ist bei den meisten Organismen die Grundlage für den Energiestoffwechsel. Auch der Mensch gewinnt den Großteil seiner Energie, indem er Wasserstoff von der Nahrung auf den eingeatmeten Sauerstoff überträgt – was allerdings über Dutzende von Zwischenschritten abläuft, damit die Zelle nicht die Kontrolle über den Prozess verliert.

Schlechte Chancen für Science-Fiction

Neben den großen Sechs bedient sich das Leben noch einiger weiterer Elemente in geringeren Mengen für besondere Aufgaben. Beispielsweise stärkt Kalzium die Knochen und hilft bei der Reizleitung in den Nerven, an der auch Natrium und Kalium beteiligt sind. Wie wir am Beispiel des Arsens gesehen haben, ist es aber nicht so leicht, einen der Grundbausteine des Lebens durch ein anderes Element, das auf den ersten Blick sehr ähnlich zu sein scheint, auszuwechseln.

Das gilt auch für das Element Silizium, das in Science-Fiction-Romanen immer wieder gerne als Alternative zu Kohlenstoff gesehen wird. So wie Arsen im Periodensystem der Elemente direkt unter Phosphor steht, ist Silizium gleich unter Kohlenstoff zu finden. Der Gedanke an ein Leben auf Siliziumbasis liegt also nahe. Doch erneut ist die Ähnlichkeit zu oberflächlich, um im wahren Leben bestehen zu können. Silizium ist chemisch bei Weitem nicht so flexibel wie Kohlenstoff. Statt nach Wunsch zwischen Einfach-, Doppel- und Dreifachbindungen wählen zu können, bildet Silizium in der Natur ausschließlich Einfachbindungen aus. Am liebsten verbindet es sich dabei mit Sauerstoff zu Siliziumdioxid, dem Hauptbestandteil von Sand. Andere Verbindungen mit Silizium sind häufig instabil, darunter viele der synthetisch hergestellten Substanzen, in denen das Silizium unter extremen Bedingungen zu mehr chemischer Aufgeschlossenheit gezwungen wurde. Auch Ketten formt Silizium nur, wenn es sich in deren Folge mit Sauerstoffgliedern abwechseln kann. Deshalb nutzen nur wenige Lebewesen Silizium, indem sie an beanspruchten Stellen Siliziumdioxid zur Festigung einsetzen oder sich daraus ein Skelett basteln, wie es Kieselalgen und Schwämme tun.

Wirkliches Leben mit Silizium als Basis wäre also unter den Voraussetzungen, wie sie auf der Erde und erdähnlichen Planeten herrschen, nicht möglich. Das Element müsste sein Glück schon an extremen Standorten wie dem kalten Saturnmond Titan oder dem flüssigen Inneren von Planeten probieren. Doch dort dürften die Temperaturen zum Spielverderber werden. Bei extremer Kälte laufen chemische Reaktionen allenfalls im Schneckentempo ab, sodass sich wohl in den 4,5 Mrd. Jahren seit Entstehung des Sonnensystems nicht einmal der Prototyp von Leben hätte bilden können. Und sobald es ultraheiß wird, zerfallen die meisten chemischen Verbindungen, was einer hypothetischen Lebensform nicht viel Auswahl für ihre Bausteine lässt. Die Natur scheint jedenfalls generell auf Kohlenstoff zu setzen, nicht nur auf der Erde. Von den etwa 150 Arten von Molekülen, die Astronomen bisher im Weltall gefunden haben, handelte es sich in 90 % aller Fälle um Kohlenstoffverbindungen. In dunklen Staubwolken, auf Asteroiden und Kometen sind unter anderem Methan, Ameisensäure, Ethanol, Essigsäure, Zucker und Aminosäuren zu finden. Eine beinahe komplette Ausstattung für die Biochemie des Lebens – es muss sich nur noch jemand finden, der die richtige Mischung zusammenrührt.

Glücksfall Nummer sechs: Die Mischung macht's

Wir verdanken es den Regeln der Quantenphysik, dass die 92 natürlichen chemischen Elemente allesamt ihre ganz speziellen Eigenschaften haben. Durch diesen Glücksfall konnte sich das Leben für jede Aufgabe das richtige Atom aussuchen: Kohlenstoff als variablen Grundbaustein, Stickstoff für spezielle Ecken, Phosphor für Steckverbindungen mit Energypack, Schwefel für besondere Stabilität, Sauerstoff als Aktivator und Wasserstoff als Füllmaterial, dazu bei Bedarf geringe Mengen anderer Elemente.

Nachdem die Erde sich allmählich vom letzten großen Bombardement erholt hatte, stand damit alles bereit für den Beginn des größten Experiments in der Geschichte des Universums!

„Lassen Sie mich raten: Sie sind bestimmt auch so eine seltsame Erscheinungsform von Kohlenstoff, stimmt's?" (© Salome Hunziker)

Wo Sie mehr erfahren

- Hans-Jürgen Quadbeck-Seeger: Die Welt der Elemente – Die Elemente der Welt. Wiley-VCH (2006)
  Schön bebildertes Buch mit der Geschichte der Elemente und des Periodensystems sowie einem Kurzporträt aller Elemente.
- http://www.popsci.com/science/article/2011-09/scientist-strange-land?single-page-view=true
  Vollständiger Artikel über Wolfe-Simon nach ihrer vermeintlichen Entdeckung der Arsenat-Bakterien)

7

Ein Hauch von geordnetem Chaos

Nur ein einziges Mal hat es geklappt. Vor etwa 3,4 bis 3,8 Mrd. Jahren hat sich ein chemisches System gebildet, das anders ist als gewöhnliche Reaktionskaskaden – Leben. Alle heutigen Organismen, vom Cholerabakterium über das Gänseblümchen bis zum Menschen, gehen auf eine einzige gemeinsame Urzelle zurück. Dennoch haben wir nur vage Vorstellungen, wie das Leben entstanden ist. Und genau genommen wissen wir nicht einmal, welche Kriterien erfüllt sein müssen, damit etwas „lebt". Trotzdem funktioniert es, dieses rätselhafte Leben. Glück gehabt!

Jack Szostak hat keine Ahnung, wie das Leben auf der Erde entstanden ist. Niemand weiß das. Aber falls Szostak es herausbekommen sollte, dann wäre ihm der zweite Nobelpreis sicher. Davon ist Joachim Sparkuhl, der schon als Kind zusammen mit dem kleinen Jack das Chemielabor im Keller der Szostaks in die Luft gesprengt hat, fest überzeugt.

Während ihrer Schulzeit und der Studienjahre an der kanadischen McGill University gegen Ende der 1960er Jahre hatten die beiden vieles gemeinsam: Sie waren begierig auf alles, was mit Wissenschaft zu tun hatte, verbrachten die

Abende lieber im Labor als im Pub und wollten unbedingt so viel Neues entdecken wie möglich. Einen gravierenden Unterschied gab es jedoch zwischen ihnen: Während Sparkuhl bei Prüfungen stets gute oder auch sehr gute Leistungen vorweisen konnte, bewegte sich Szostak in einer ganz anderen Klasse. Gerade einmal 15 Jahre war er alt, als er von der Schule an die Universität wechselte, und mit 19 Jahren machte er bereits seinen Abschluss. Alles deutete auf eine glänzende Karriere im Eiltempo hin.

Was wartet nach der Revolution?

Doch als Szostak eine Promotionsstelle an der US-amerikanischen Cornell University annahm, verließ ihn das Glück. Seine Experimente an Algen liefen mit traumwandlerischer Sicherheit schief, sodass der gefrustete Nachwuchsforscher schließlich das Thema wechseln musste und sich auf eine Aufgabe stürzte, die eigentlich ein wissenschaftliches Himmelfahrtskommando war: Szostak wollte kurze DNA-Stücke synthetisieren, die zu ganz bestimmten Genen passten. Als wären diese DNA-Fragmente Wurm und Haken einer Angel, sollten sie inmitten eines chaotischen Zellextrakts ihr Ziel-Gen – sozusagen den passenden Fisch – finden und binden. So gut die Idee auch war, gab es für den Doktoranden zwei gewaltige Probleme: Erstens hatte noch niemals zuvor jemand etwas Vergleichbares probiert, und zweitens wusste Szostak nicht einmal, wie man überhaupt einen DNA-Strang herstellt. Erst nachdem er für einige Wochen Nachhilfe in einem befreundetem Labor genommen hatte, gelang ihm der Durchbruch. Innerhalb kurzer Zeit hatte

Szostak seine Gen-Angel fertig und seinen Doktortitel in der Tasche. Die Ergebnisse wurden in der Top-Zeitschrift *nature* veröffentlicht, und heute gehört das Fischen nach Genen zu den Standardmethoden der Genetik. Erneut hatte Szostak eine glänzende Zukunft vor sich. Er brauchte nur seine Methode zu verfeinern und auf große Angeltour im Reich der Gene zu gehen, um seinen Namen auf Dutzende wissenschaftlicher Artikel zu setzen und über Jahre hinweg unangefochten an der Spitze der genetischen Analytik zu stehen.

Aber Szostak hatte das Interesse verloren. In dem Moment, in dem er sein Ziel erreicht hatte, war es für ihn nicht mehr verlockend. Ihm stand der Sinn nicht nach wissenschaftlicher Lückenfüllerei, sondern nach neuen Herausforderungen. Und so wandte er sich einem neuen Thema zu, während andere Biologen begierig die Methode aufgriffen, mit der Szostak mal eben ihr Forschungsgebiet revolutioniert hatte.

Und Szostak machte so weiter: Ein ums andere Mal suchte er sich ein Projekt, das möglichst so unberührt war wie ein neu entstandener Planet. Auf dem jeweiligen Gebiet leistete er Pionierarbeit, auf der noch Generationen von Wissenschaftlern nach ihm aufbauen konnten. Er selbst ließ es dagegen hinter sich, sobald das Feld anfing, andere Forscher anzuziehen. Er möge keine direkte Konkurrenz, sagte er einmal zu seiner untypischen Art, und er sehe keinen Sinn darin, mühevoll Erkenntnisse zu gewinnen, die kurze Zeit später auch jemand anderes erringen könnte. Mit dieser Einstellung entwickelte Szostak das künstliche Hefe-Chromosom, das zu einem weiteren beliebten Werkzeug der Genetiker wurde, und in den 1980er Jahren entdeckte er den Grund für die Zellalterung, wofür ihm 2009 der Nobelpreis für Medizin verliehen wurde. Prompt wechselte er erneut das Arbeitsfeld. Mit nicht einmal 40 Jahren hatte Szostak bereits die Genetik auf neue Füße gestellt und eines der Geheimnisse des Alterns gelöst. Zu einem Zeitpunkt, an dem andere Wissenschaftler mit viel Glück gerade ihre erste Professur ergattern, hatte er bereits mehr erreicht, als die meisten seiner Kollegen am Ende ihres Forscherlebens. Obwohl seine Karriere eigentlich noch am Anfang war, befand er sich bereits auf ihrem Höhepunkt. In welche Richtung sollte es von hier aus weitergehen?

Die Antwort war so groß wie die Aufgabe, die Jack Szostak sich nun selbst stellte: Er wollte künstliches Leben erschaffen, um zu verstehen, wie das natürliche Leben entstanden sein könnte.

Drei Wünsche für das Leben

Ein Teil des Problems, mit dem sich Biologen konfrontiert sehen, wenn sie über die Entstehung von Leben sprechen, ist überaus peinlich. Trotz einer durchaus erfolgreichen Mixtur von jahrhundertelanger akribischer Forschung und persönlicher Genialität kann nach wie vor keiner von ihnen explizit sagen, was dieses „Leben" überhaupt ist. Es ist, als ob Sebastian Vettel keine Ahnung hätte, was ein „Auto" ausmacht, oder der Papst nicht wüsste, wie er „Gott" definieren sollte. Obwohl jeder von uns intuitiv zwischen „lebendig" und „tot" unterscheiden kann, ist es bis heute noch keinem Wissenschaftler gelungen, einen Katalog von Kriterien aufzustellen, der in jedem Einzelfall die richtige

Zuordnung ermöglicht. Nicht, dass es an Versuchen mangeln würde. Im Gegenteil: In Lehrbüchern und Fachzeitschriften tummelt sich eine äußerst lebendige Vielfalt von Listen mit Eigenschaften, die Leben haben müsste. Nur leider brechen sie alle in sich zusammen, sobald sie sich an der Komplexität des wirklichen Lebens messen müssen. Beispielsweise sind viele Autoren der Ansicht, dass sich Leben fortpflanzen müsse. Auf den ersten Blick erscheint dies eine vernünftige Forderung zu sein. Bei genauerer Betrachtung gerät das Konzept aber heftig ins Stolpern, denn danach wäre ein Computervirus ebenso lebendig wie ein Kaninchenpärchen, während ein Eunuche genauso wenig leben würde wie ein einzelnes Kaninchen.

Derartige Widersprüche entstehen teilweise dadurch, dass wir den Begriff „Leben" auf mehrere Phänomene anwenden, die miteinander zusammenhängen, aber sich dennoch unterscheiden. So lebt ein Mensch nicht nur als Individuum, sondern auch die rund 70 Billionen Zellen, aus denen er besteht, sind lebendig. Sterben die Zellen, stirbt der Mensch. Aber er kann ebenso gut bereits tot sein, wenn nur einige wenige Zellen gestorben sind. Die übrigen Zellen leben dann noch eine Weile weiter, sind jedoch ebenfalls dem Untergang geweiht. Es sei denn, ein Wissenschaftler entnimmt einige Zellen und zieht sie in einer Kultur auf. In diesem Fall ist der Mensch tot, aber ein Teil von ihm lebt weiter. Und – Ja, Sie haben recht: Das ist kompliziert!

Biologen versuchen deshalb, sich das Leben mit dem Leben ein wenig einfacher zu machen, indem sie sich zunächst einmal auf die kleinste Einheit beschränken, die von sich aus lebensfähig ist: die Zelle. Zellen können etwas, wozu jede Lebensform in der Lage sein muss und woraus sich zwangsläufig die meisten Eigenschaften in den Kriterien-katalogen ergeben: Zellen erhalten sich selbst. In dem Moment, in dem sie gegen diese Regel verstoßen und zerfallen, ist es mit ihrem Leben vorbei, und sie sind lediglich kleine Anhäufungen komplexer Moleküle, die mit der Zeit in alle Winde verstreut werden und chemisch verfallen. Genau diesen beiden Tendenzen – die Verteilung der Bausteine und den Abbau in einfachere Moleküle – muss die Zelle also entgegenwirken. Lassen wir zusätzlich gelten, dass das Risiko, auf einen Schlag auszusterben, sinkt, wenn eine potenzielle Lebensform sich vervielfältigen kann, haben wir einen Satz von drei Fähigkeiten, über die jedes Leben verfügen muss. Auf Erden wie auf jedem anderen Planeten. Sei es natürlich oder künstlich.

Auf diese drei Eigenschaften – Abgrenzung, Stoffwechsel und Vermehrung – konzentriert sich Szostak bei seiner Arbeit als neuer Schöpfer.

Gut verpackte Kannibalen

Wenn ein Molekül in der Nordsee schwimmt, ein anderes vor Hawaii dümpelt und einige Teilchen etliche Lichtjahre entfernt auf dem Planeten Kepler-62 e weilen, kann kein noch so agiles Wesen sich vernünftig organisieren. Leben, das am Leben bleiben will, muss daher seine sieben Sachen zusammenhalten. Es muss eine Grenze haben, die dafür sorgt, dass alles, was zum Organismus gehört, drinnen bleibt, und kontrolliert, was hinein und was hinaus darf. Moderne Zellen sind dafür von einer Membran aus Lipiden und Proteinen umgeben. Die Lipide sind mit den Seifen verwandt und bilden spontan kleine Hohlkügelchen, die Vesikel heißen und an winzige Seifenblasen erinnern. In ihrem Inneren kann sich das Leben getrennt vom Drumherum einrichten. Die Proteine dagegen regeln als Türsteher den Austausch mit der Umgebung. Gerade dieser biologische Grenzverkehr macht heutige Membranen zu wahren Hightechsystemen, mit denen die ursprünglichen Hüllen der ersten natürlichen Lebewesen kaum zu vergleichen sind.

Heute nimmt man an, dass die Protozellen genannten Vorläufer der echten Zellen noch keine Proteine in ihren Membranen besaßen. Sie mussten sich also zunächst lediglich um ihre Lipide kümmern. Unter den richtigen Bedingungen – wie sie etwa am Meeresgrund in der Nähe hydrothermaler Quellen herrschen, wo heißes Wasser aus dem Boden tritt – entstehen von selbst Kohlenwasserstoffketten mit acht, neun, zehn oder noch mehr Kohlenstoffatomen in einer Reihe. Mit ein paar zusätzlichen Reaktionen werden sie zu Fettsäuren, die ein wichtiger Bestandteil vieler Lipide sind und bereits deren wichtigste Eigenschaften besitzen: Sie haben einen wasserliebenden Kopf und einen fettliebenden Schwanz. Diese fettliebenden Abschnitte der Fettsäuren versuchen, dem Wasser aus dem Weg zu gehen, und lagern sich in dünnen, ebenen Schichten aneinander, die sich schließlich zu hohlen, kugeligen Vesikeln formen. Was dabei zufällig gerade in der Nähe ist, wird kurzerhand von der Membran eingeschlossen. In den meisten Fällen handelt es sich um ein Sammelsurium von Molekülen, die nichts miteinander anfangen können. Doch ab und zu könnten dem ein oder anderen Vesikel Ensembles in die Falle gegangen sein, die auf die richtige Weise chemisch miteinander reagiert und aus einem Allerweltsvesikel eine Protozelle gemacht haben.

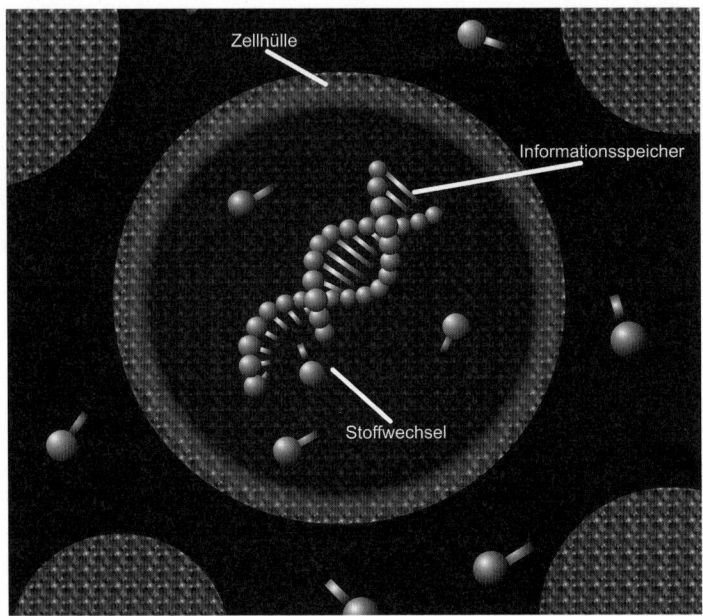

Zellhülle

Informationsspeicher

Stoffwechsel

Abb. 7.1 Schema für einen primitiven Vorläufer des Lebens, wie ihn Jack Szostak in seinem Labor erschafft. Eine Zellhülle aus Fettsäuren oder einfachen Lipiden schließt ein Makromolekül ein, das später als Informationsspeicher den Aufbau der Zelle steuern soll. © Olaf Fritsche

Szostak hat in seinen Experimenten beobachtet, dass selbst einfache Vesikel wachsen, indem sie weitere Fettsäuremoleküle in ihre Hülle einbauen (siehe Abb. 7.1). Manches Mal bildeten sie anfangs längliche Röhrchen, die in viele Hohlkügelchen zerfielen, wenn eine leichte Erschütterung durch das Medium ging. Weil die Fettsäuren noch nicht so fest zusammenhielten wie moderne Membranen, konnten viele kleine Moleküle weiterhin zwischen ihnen durchschlüpfen. Das ermöglichte einen gewissen Austausch mit der Umgebung, der zwar nicht kontrolliert war, aber trotzdem einen ständigen Nachschub an molekularen Bausteinen gewährleistete. Größere Moleküle scheiterten dagegen an der Fettsäurehülle. Was drinnen war, blieb drinnen, aber keines dieser Makromoleküle konnte in einem Stück von außen nach innen gelangen. Diese Auswahl bewirkte in Szostaks Versuchen, dass Vesikel, in denen Makromoleküle gefangen waren, zu regelrechten nichtbiologischen Kannibalen wurden. Die großen Moleküle zogen zusätzliches Wasser in die Vesikel hinein, sodass diese immer größer wurden. Dadurch wurden die Membranen unter Spannung gesetzt, und wenn sie mit einem leeren Vesikel zusammenstießen, verleibten sie sich die Fettsäuren des leeren Vesikels ein. Das Bläschen mit den Makromolekülen fraß gewissermaßen seinen Nachbarn auf – ein brutal geführter Konkurrenzkampf um Ressourcen, wie wir ihn sonst vor allem von Bakterien, Pflanzen und Tieren kennen.

Gut möglich also, dass sich vor Urzeiten kleine Moleküle zu Fettsäuren oder anderen Lipidvorläufern verbunden haben, die anschließend als Vesikel eine geschützte Heimat für die Vorstufe des Lebens geboten haben. Vielleicht gab es vorher noch die ein oder andere Zwischenstufe, bei der die Grenze zwischen Innen und Außen durch andere Materialien gezogen wurde. Mikroporen in verschiedenen Gesteinen wie verwittertem Feldspat oder vulkanischem Bimsstein hielten beispielsweise nicht nur sehr private kleine Hohlräume parat, sondern schützten gleichzeitig vor UV-Licht, das andernfalls frisch gebildete Biomoleküle gleich wieder hätte zerstören können. Solche Mineralien hätten noch einen

weiteren Vorteil gehabt: Sie wären sogar in der Lage gewesen, bei der Synthese neuer Moleküle zu helfen. Denn eine
Hülle allein macht noch längst kein aktives Leben.

Nachschub aus der eigenen Werkstatt

Nichts hält ewig, schon gar nicht, wenn es um Leben geht.
Weil es für jedes Objekt nahezu unendlich viel mehr Möglichkeiten gibt, kaputt zu sein als heil, geht eher etwas zu
Bruch, wenn es sich zufällig verändert, als dass es sich spontan repariert. Dieser Erfahrungssatz, den wir alle aus unserem ganz gewöhnlichen Alltag kennen, bildet als zweiter
Hauptsatz der Thermodynamik eine der Grundlagen der
modernen Physik. Und er ist einer der Hauptfeinde des
Lebens, denn das Leben ist allem scheinbaren Chaos zum
Trotz eine überaus ordentliche Angelegenheit. Nur wenn
die Fettsäuren ordentlich aneinander liegen, taugen sie als
Grenze zwischen Innen und Außen, nur wenn Proteine ordentlich gefaltet sind, können sie ihre Aufgaben erledigen,
und nur wenn die Erbinformation ordentlich gespeichert
ist, kann die nächste Generation sie lesen. Aber trotzdem
geht immer wieder etwas entzwei und muss repariert oder
ausgetauscht werden.
      Dummerweise hält die Umgebung eines Organismuses
in der Regel nicht genau diejenigen Substanzen bereit, die
das Leben gerade benötigt, um seine schadhaften Teile aus-
zutauschen. Es muss daher nehmen, was es kriegen kann,
und daraus das Beste machen. Moderne Zellen verfügen
über ein regelrechtes kleines Chemielabor, mit dem sie die
vorhandenen Substanzen in zelleigene Bausteine umwan-

deln. Die einzelnen Reaktionen dieses Stoffwechsels werden von speziellen Proteinen – den Enzymen – katalysiert und kontrolliert. Enzyme sind wahre Meister des chemischen Umwandelns, die sogar in der Lage sind, Stärke in Kunststoff und Cellulose in Benzin umzuwandeln. Ihre Fähigkeiten haben sich über Jahrmilliarden so weit entwickelt, dass manche Organismen tatsächlich von wenig mehr als Luft und Liebe leben können. Die Pioniere des Lebens mussten hingegen ohne einen richtigen Stoffwechsel mit effizienten Enzymen auskommen. Alles, was ihnen zur Verfügung stand, waren – Steine.

Wo immer das Leben einst entstanden ist, es war mit ziemlicher Sicherheit nicht inmitten eines mächtigen Meeres, wo seine Moleküle leicht von der nächsten Welle auseinandergetrieben werden konnten. Bedeutend wahrscheinlicher ist, dass die frühesten Schritte als molekulares Techtelmechtel am Rande begonnen haben. Viele Mineralien bieten neben passenden Mikrohöhlen auch verlockende Oberflächen, die elektrisch geladen sind und Moleküle unwiderstehlich anziehen wie Bildschirme den Staub. An ihnen sammeln sich chemische Ausgangsstoffe in beachtlichen Konzentrationen, die sie im offenen Wasser niemals erreichen würden. In dem Gedränge passiert dann das, was einen Stoffwechsel ausmacht: Die Moleküle reagieren chemisch miteinander, und aus einfachen Substanzen werden komplexe Verbindungen. Auf diese Weise wachsen beispielsweise in den dünnen Schichten von Tonen Aminosäuren zu proteinähnlichen Ketten heran.

Und sollte ein Ablauf einmal Energie benötigen, können einige Mineralien auch damit dienen. Der deutsche Chemiker und Patentanwalt Günter Wächtershäuser lenkte in den 1980er Jahren die Aufmerksamkeit auf Eisen-Schwefel-Verbindungen wie Pyrit (FeS_2), die nicht nur als Katalysator fungieren, sondern zusätzlich für die nötige Reaktionsenergie sorgen. Dazu reagiert das Pyrit selbst mit molekularem Wasserstoff, wie er an vielen Tiefseevulkanen austritt, die in der Frühzeit der Erde noch weitaus häufiger als heute gewesen sein dürften. Die dabei freiwerdende Energie treibt den Umbau der Biomoleküle an. Quasi als Nebenprodukt wird dabei Schwefel freigesetzt, der bei dieser Gelegenheit gleich in die neuen Substanzen eingebaut werden kann. Ab und zu umschließen die wachsenden Makromoleküle womöglich sogar wenig bescheiden ganze Minibröckchen des Minerals und nehmen es mit. Für Wächtershäusers „Eisen-Schwefel-Welt" spricht nämlich auch, dass einige heutige Enzyme, die an zentralen Stoffwechselprozessen beteiligt sind, in ihren aktiven Zentren Eisen-Schwefel-Komplexe besitzen, an denen die katalytische Reaktion abläuft. Durchaus denkbar, dass wir immer noch ein Souvenir aus den ersten Tagen des Lebens mit uns herumtragen.

Gesteine können aber auch wählerisch sein und nur Molekülen mit bestimmten Eigenschaften erlauben, sich auf ihnen niederzulassen. Der Geophysiker Robert Hazen hat beispielsweise festgestellt, dass Calcit Aminosäuren nach ihrer räumlichen Struktur sortiert. Grundsätzlich gibt es von fast allen Aminosäuren zwei Varianten, die als L- und D-Form bezeichnet werden und sich wie die linke und die rechte Hand spiegelbildlich zueinander verhalten. Obwohl sie chemisch gleich aufgebaut sind, kommen in den Proteinen von modernen Zellen aber ausschließlich L-Aminosäuren vor. Hazen konnte mit seinen Experimenten nachweisen, dass an einigen Seiten von Calcitkristallen nur diese

L-Variante andockt, an anderen Seiten nur die D-Form. Vielleicht, so spekulierte Hazen, haben sich die Vorläufer unserer heutigen Proteine zufällig an einer solchen L-Seite eines Kristalls entwickelt und waren derart erfolgreich, dass die D-Konkurrenz den Vorsprung nie aufholen konnte.

Mit der Annahme, dass der Stoffwechsel moderner Organismen seinen Ursprung in Reaktionen an Gesteinsoberflächen hat, lassen sich jedenfalls viele Eigenheiten heutiger Zellen erklären. Und die Möglichkeiten der sogenannten chemischen Evolution sind so vielfältig, dass manche Wissenschaftler – wie der emeritierte New Yorker Chemiker Robert Shapiro – der Ansicht sind, dass der erste Schritt ins Leben ein zunehmend enger gewobenes Netz von Stoffwechselreaktionen war, die sich dann später eine Hülle und eine Erbsubstanz gesucht haben. Womit die Evolution vom chemischen zum biologischen Prozess wurde.

Wissen, worauf es ankommt

Streng genommen hätten die frühesten Zellen es nicht nötig gehabt, sich zu vermehren – bloß wären wir kaum hier, wenn sie sich diesen Luxus nicht geleistet hätten. Im ständigen Kampf mit den Naturgewalten reichte es aus, einmal im falschen Tümpel zu schwimmen, und schon war das einzige Exemplar einer hoffnungsvollen Spezies ausgestorben. Da erschien es allemal besser, das Risiko auf möglichst viele Schultern bzw. Nachkommen zu verteilen.

Sich zu vermehren, war allerdings eine aufwändige Tätigkeit. Es reichte nicht mehr aus, einfach von dem zu leben, was Gestein und Wasser in einer zufälligen Mischung hergaben. Wenn tatsächlich jede Tochterzelle eine Kopie ihrer Mutterzelle werden sollte, war dafür ein Plan notwendig, aus dem genau hervorgeht, wie welche Komponente der Zelle aufgebaut sein musste. Oder, um es biologisch korrekt auszudrücken: Das Leben brauchte ein verlässliches Erbmaterial.

Das moderne Standardmolekül für diese Aufgabe ist die Desoxyribonukleinsäure, besser bekannt unter ihrem Kürzel DNA. Im Prinzip ist sie wie eine winzige verdrillte Strickleiter aufgebaut. Während deren Stricke aus einer monotonen Abfolge von Phosphat und dem Zucker Ribose bestehen, werden die Sprossen von Paaren vier verschiedener Nukleobasen gebildet, in deren Abfolge die Erbinformation gespeichert ist. Will die Zelle diese Information ablesen, fertigt sie eine Arbeitskopie vom betreffenden DNA-Abschnitt an, die aus einem eng mit der DNA verwandten Molekül besteht: der Ribonukleinsäure oder kurz RNA. Die RNA wird in komplexe Proteinfabriken eingespannt, wo schließlich das gewünschte Protein gebildet wird, das anschließend als Baumaterial oder neues Enzym zur Verfügung steht. Ein Prozess, der – wie schon die Zellmembranen und der Stoffwechsel heutiger Organismen – bis ins Detail ausgeklügelt und feinjustiert und damit für ursprüngliche Urzellen viel zu kompliziert ist.

Einfacher würde es, wenn anstelle des Dreigespanns von DNA, RNA und Proteinen eine einzige Molekülsorte alles alleine machen könnte. Diese Idee entstand, als Wissenschaftler 1982 eine Klasse von RNA-Molekülen entdeckt haben, die wie Enzyme chemische Reaktionen katalysieren. Sollten einige dieser sogenannten Ribozyme sich selbst vervielfältigen können, wären sie die idealen Kandidaten für

Erbmoleküle mit integriertem Stoffwechsel. Szostak und anderen Forschern gelang es in ihren Experimenten tatsächlich nachzuweisen, dass manche Ribozyme kurze RNA-Abschnitte nachbauen können. Ein vielversprechender Ansatz. Ein Ribozym, das sich selbst von vorne bis hinten komplett verdoppeln kann, hat allerdings noch niemand gefunden. Was nicht bedeutet, dass es nicht früher solche egozentrischen Alleskönner gegeben haben könnte. Die Einzelbausteine für RNA-Moleküle ließen sich zumindest im Labor bereits aus den Zutaten der damaligen Ursuppe synthetisieren. Auf der jungen Erde war also durchaus alles vorhanden für eine primitive Erbfolge.

Dennoch sind längst nicht alle Wissenschaftler überzeugt vom Modell der RNA-Welt, in welcher die RNA sowohl als Informationsspeicher wie auch als Katalysator gewissermaßen eine membranverpackte Ein-Mann-Show des Lebens lieferte. Andererseits hat bislang niemand eine überzeugendere Idee vorgestellt, sodass unsere heutige Vorstellung von der Entstehung des Lebens mehr an eine grobe Skizze erinnert als an ein fertiges Gemälde.

Ein Modell für den Ursprung allen Lebens

Vielleicht lief alles in etwa nach folgendem Szenario ab. Die Erde hatte vor rund 3,8 Mrd. Jahren gerade mit viel Glück das letzte große Bombardement überstanden, der junge Mond war viermal näher an der Erde als heute, ein Tag dauerte nicht länger als rund fünf Stunden, und die Kraft der Sonne lag bei nur 70 % ihrer derzeitigen Leistung. Auf der

Erdoberfläche war es darum bitterkalt. Warme Plätzchen gab es nur in der Nähe von Vulkanen und heißen Quellen, die an unzähligen Stellen aus der dünnen Kruste traten. An einer von ihnen haben sich kleine organische Moleküle gesammelt, die mit den Meteoriten herabgestürzt waren. Sie konzentrierten sich in den Poren und Spalten des irdischen Gesteins und probierten, angetrieben von der Wärme und unterstützt von den Mineralien, eine Fülle von chemischen Reaktionen aus. Es entwickelten sich kleine Reaktionsketten, die sich verzweigten und immer größere und komplexere Moleküle hervorbrachten. Darunter Verbindungen, die ähnliche Eigenschaften wie Lipide hatten, sowie entfernte Verwandte der heutigen RNA. Während sich die Protolipide zum Schutz gegen das Wasser zu Kügelchen vereinten, wuchsen die RNA-Vorläufer in den Schichten des Tons zu Strängen verschiedener Länge zusammen. Mitunter vereinten sich zwei Fäden zu einem Doppelstrang, wenn ihre Nukleobasen zueinander passten. In der Wärme trennten sich die beiden aber meistens schnell wieder.

Das eigenbrötlerische chemische Hin und Her bekam ernstere Züge, als einige RNA-Vorläufer zufällig in das Innere der Protolipidbläschen eingeschlossen wurden. Weil sie zu groß waren, konnten sie die Vesikel nun nicht mehr verlassen. Ihre Einzelbausteine dürften die Membran hingegen weitgehend ungehindert passiert haben. Wie schon in Freiheit bauten sie auch innerhalb des Vesikels Doppelstränge auf, die sich umso länger hielten, je kühler die Umgebung war. Auch Aminosäuren fanden sich zu Ketten zusammen und lagerten sich an der Innenseite der Membran an, wodurch die Hülle stabiler wurde.

Die Vesikel waren nun so haltbar, dass sie nicht mehr zerfielen, wenn sie aus ihrer kleinen Höhle im Gestein gespült wurden. Manche von ihnen gerieten in größeren Kammern oder eventuell sogar im freien Wasser in zyklische Konvektionsströme, die von dem Temperaturgradienten zwischen dem kalten Wasser und der Hitze an der Quelle angetrieben wurden (siehe Abb. 7.2). Heißes Wasser stieg ein Stück auf und kühlte dabei schnell ab. Dadurch wurde es erneut dichter und sank wieder herab. In den Vesikeln, die in diesem Karussell mitfuhren, spaltete die Wärme im Quellbereich die doppelsträngigen RNA-Vorläufermoleküle in Einzelstränge auf. Zurück im Kühlen lagerten sich bei einem Teil der Bläschen nicht wieder die langen Stränge aneinander, sondern es legten sich Einzelbausteine, die von außen hinzukamen, an die Basen und verbanden sich zu neuen Strängen. Auf diese Weise verdoppelten sie die RNA-Vorläufer. Mehr Moleküle im Inneren zogen aber auch mehr Wasser an, und die Membran spannte sich, was sie nur mildern konnte, indem sie neue Protolipide einbaute. Die Vesikel wuchsen dadurch heran, bis sie instabil wurden und sich in zwei kleinere Bläschen teilten. Mit ein bisschen Glück erhielt dabei jeder Abkömmling einen der RNA-Vorläufer-Stränge.

Vesikel, die den beschriebenen Zyklus mehrfach durchliefen, standen bereits an der Schwelle zum Leben, sodass wir sie zurecht als Protozellen bezeichnen dürfen. Ihre Membranen trennten den Innenraum mit seinen Makromolekülen vom Äußeren und dessen kleinen Verbindungen. Diese nutzten die Protozellen in einem einfachen Stoffwechsel, um mit ihnen neue Makromoleküle wie die Urformen der RNA und Proteine zu bauen. Dabei wuchsen sie und teilten

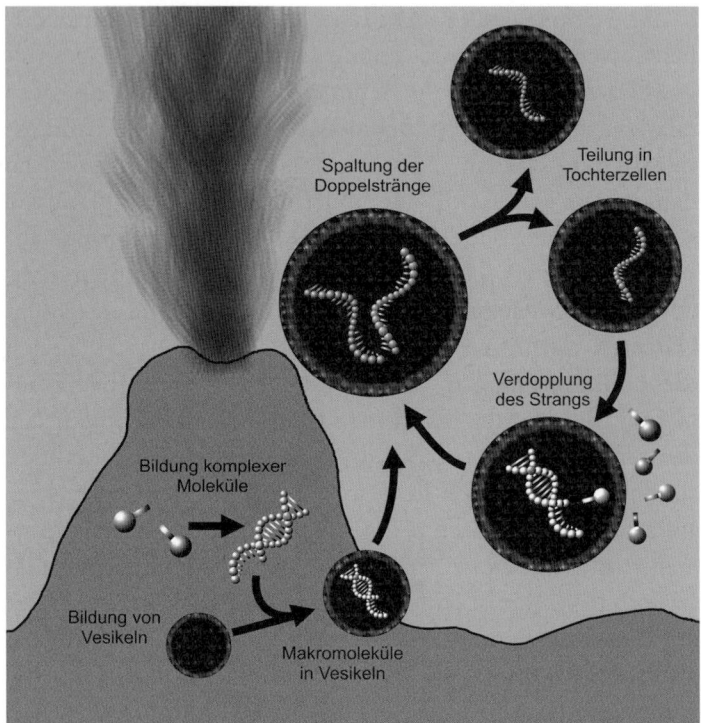

Abb. 7.2 So könnte das Leben an heißen Tiefseequellen angefangen haben. In einem Kreislauf trennen sich die Erbmoleküle
in der Nähe heißer Quellen, und anschließend teilen sich die Protozellen. In kühleren Bereichen wird das Erbmolekül wieder er-
gänzt, und die Protozelle wächst zu alter Größe, bevor der Zyklus
von vorne beginnt. © Olaf Fritsche

sich. Im Gegensatz zu „echtem" Leben geschah aber alles
noch als bloße Folge der chemischen und physikalischen
Rahmenbedingungen. Noch reagierten die Protozellen nur
auf die Zustände der Umgebung, wohingegen richtige Zellen nach einem ihnen innewohnenden Plan agieren.

Die Protozellen mussten sich folglich noch weiterentwickeln. Wahrscheinlich übernahmen die Proteine immer mehr die handwerklichen Aufgaben, indem sie selektive Poren in der Membran schufen, die nur bestimmte Moleküle hineinließen, und mit einfachen Enzymen chemische Reaktionen antrieben, die in der unbelebten Außenwelt niemals stattfinden konnten. Außerdem koppelten sie sich auf besondere Art an die RNA: Sie übernahmen die Verdopplung der Stränge unabhängig von der Temperatur, wofür im Gegenzug die RNA kontrollierte, dass die Aminosäuren beim Bau der Proteine immer in der gleichen Reihenfolge eingesetzt wurden und so deren Qualität sichergestellt blieb. Später splitteten die Urzellen die Funktion der RNA auf. Sie erfanden durch eine kleine chemische Modifikation die DNA, die stabiler als RNA war und sich deshalb besser als Informationsspeicher eignete, während die RNA weiterhin das unmittelbare Wechselspiel mit den Proteinen perfektionierte.

Das Leben war damit auf dem Stadium einfacher Bakterien angekommen und bereit, die Welt zu erobern.

Die vielen potenziellen Wiegen des Lebens

Von welchem Ort es zu seinem globalen Siegeszug startete, kann die Wissenschaft noch nicht sagen. Die Bedingungen, unter denen sich die wichtigsten Biomoleküle in der vorgelagerten chemischen Evolution entwickeln konnten, geben zwar gewisse Richtlinien vor, doch die werden an vielen

Stellen erfüllt. Wasser, Gestein und eine bunte Mischung kleiner Grundmoleküle gab es praktisch überall. Und auch Vulkane oder heiße Quellen, von denen die Energie für die Reaktionen stammte, waren vor 3,4 bis 3,8 Mrd. Jahren – der Zeit, aus welcher die frühesten Spuren primitiven Lebens stammen – weit verbreitet.

Manche Forscher glauben, sie können die Suche auf Tümpel und kleinere Seen in der Nähe der Oberfläche eingrenzen, weil Proteine besonders gut wachsen, wenn die Umgebung zwischendurch austrocknet. Auch die Küstengebiete der Ozeane kommen infrage, weil der Mond aufgrund seiner engen Umlaufbahn ausgeprägte Gezeiten hervorrief, die bei Flut weite Gebiete überspült und mit neuen Molekülen aus dem Meer versorgt haben könnten, die während der nachfolgenden Ebbe miteinander reagieren konnten. Gegen dieses Konzept spricht, dass die frühe Erde fast vollständig von Wasser bedeckt war. Es gab schlichtweg kaum Land für biochemische Experimente. Und wo eine Vulkaninsel ihre Spitze aus dem Ozean reckte, war noch immer mit herabstürzenden Meteoriten zu rechnen. Einen sicheren Hafen boten die Inseln vermutlich nicht.

Für die meisten Wissenschaftler stehen deshalb hydrothermale Quellen in der Tiefsee ganz oben auf der Liste potenzieller Wiegen des Lebens. Die mächtige Schicht Wasser sorgte dafür, dass weder Meteoriten noch UV-Strahlung den Grund des Meeres erreichten. Für die nötige Wärme sorgten heiße Quellen, aus denen Wasser emporstieg, das in einem Kreislauf durch den Boden wanderte und erhitzt wurde. Unterwegs nahm es reichlich Minerale mit, die beim Kontakt mit dem Seewasser teilweise ausfielen und bizarre Türme bildeten. Die Schlote der sogenannten Schwarzen Raucher spuckten beispielsweise dunkle Ströme aus, die an Rauchwolken eines alten Kohlekraftwerks erinnern. Ihr Wasser erreichte bei dem hohen Druck in der Tiefe Temperaturen von mehr als 400 °C. Die weißen Kalkschlote des atlantischen Hydrothermalfeldes „Lost City" schaffen dagegen nur 40 bis 90 °C. Dafür werden sie bis zu 60 m hoch und sehen wie die Skyline einer Megacity mit ihren Wolkenkratzern aus. Sowohl die dunklen als auch die hellen Quellen sind von zahlreichen Poren, Rissen und Spalten übersät, die Platz für chemische Minilaboratorien jeder Größe bieten.

Vor allem an den Schwarzen Rauchern sind heutzutage komplexe Ökosysteme zu finden, deren Grundlage einzellige Archaeen sind. Diese früher als Archaebakterien bezeichneten Organismen haben viele Eigenschaften, die auch für Zellen in der Urzeit des Lebens nützlich gewesen wären. Beispielsweise kommen die meisten Arten ohne Sauerstoff aus, den es damals in freier Form nicht gegeben hat. Ansonsten sind Archaeen aber nicht wählerisch und nutzen für ihren Stoffwechsel von molekularem Wasserstoff bis zu Schwefelverbindungen alles, was die heißen Quellen hergeben. Da die junge Erde in den Ozeanen von vielen hydrothermalen Quellgebieten bedeckt gewesen sein dürfte, ist durchaus vorstellbar, dass hier die ersten Lebewesen entstanden sind – und einige Archaeen noch direkt auf Vorfahren zurückgehen, die niemals die Tiefsee verlassen haben.

Glücksfall Nummer sieben: Das Leben hat den Sprung geschafft

Wann, wo und vor allem wie das Leben tatsächlich auf der Erde entstanden ist, werden wir sicherlich niemals so ganz genau wissen. Die Plattentektonik hat mit ihren Umwälzungen längst alle Spuren unwiederbringlich verwischt. Geblieben sind uns nur Ablagerungen von fertigen frühen Zellen – und die heutigen Lebewesen. Da sie alle auf Zellniveau im Wesentlichen gleich aufgebaut sind, die grundlegenden biochemischen Reaktionen auf dieselbe Weise ausführen und einen bis auf einzelne Wörter identischen genetischen Code benutzen, können wir davon ausgehen, dass sie alle von derselben Urzelle abstammen. Von der Mutter allen Lebens auf Erden.

Irgendwo vor 3,4 bis 3,8 Mrd. Jahren hatte eine Protozelle das große Glück, den entscheidenden Sprung ins Leben zu schaffen. Vielleicht war sie die einzige, der dieser Schritt jemals gelungen ist, möglicherweise hatte sie aber auch nur das beste System entwickelt, um sich in den folgenden Millionen Jahren ohne Unterbrechung fortzupflanzen und neue Lebensräume zu erschließen. Wäre die Kette, die von dieser Urzelle zu uns Menschen führt, auch nur ein einziges Mal gerissen, würde es uns heute nicht geben, und wir könnten uns nicht den Kopf über den Ursprung des Lebens zerbrechen – wir haben also erneut Glück gehabt.

Von nun an sah sich das Leben mit einem neuen mächtigen Risikofaktor konfrontiert: mit sich selbst. Nicht lange nach seiner Entstehung brachten sich die experimentierfreudigen Zellen mit einer sensationellen Erfindung in große Gefahr, die erst nach etlichen Jahrmillionen zum nächsten Glücksfall werden sollte.

Wo Sie mehr erfahren

- CalSpace: *Miller-Urey Experiment.*
  http://www.ucsd.tv/miller-urey/
  Internetseite mit App, um das Ursuppen-Experiment von Stanley Miller nachzukochen sowie zwei Videos mit dem Wissenschaftler.
- Olaf Fritsche: *Die neue Schöpfung – Wie Gen-Ingenieure unser Leben revolutionieren.* Rowohlt Verlag (2013)
  Ein Buch über die aktuellen Entwicklungen in der Biologie mit einem Kapitel, wie Forscher künstliches Leben erzeugen wollen.
- Uwe Meierhenrich: Aminosäuren und die Entstehung des Lebens – Spuren aus dem Weltraum. Chemie in unserer Zeit (2009)
  Bericht über Experimente, die die Entstehung von Aminosäuren als Bausteine der chemischen Vorläufer des Lebens simulieren.
- Horst Rauchfuß: Chemische Evolution und der Ursprung des Lebens. Springer Verlag (2005)
  Eine anspruchsvolle Darstellung des (fast) aktuellen Wissens zur Entstehung des Lebens.

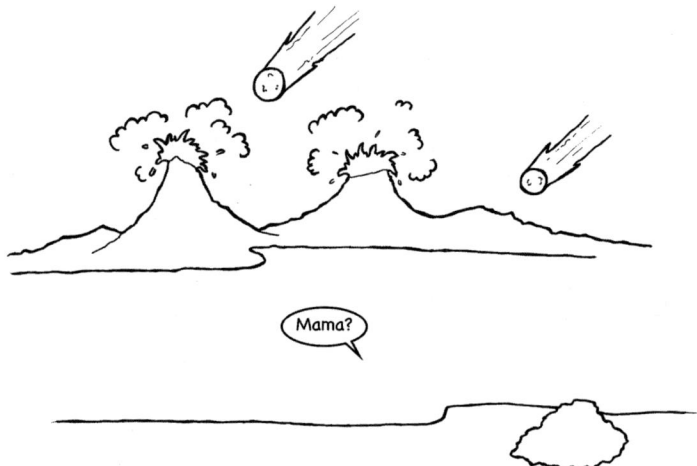

Damals, vor 3,8 Mrd. Jahren, an einem Freitagnachmit-tag.
(© Salome Hunziker)

- *Von der Urzeugung zum künstlichen Leben.* Spektrum der
  Wissenschaft Dossier 3/10 (2010)
  Eine Sammlung von Artikeln zur Entstehung des Lebens
  auf der Erde und im Labor.

8

Giftgasanschlag auf das Leben

Die Natur hat sich noch nie sonderlich um den Umweltschutz geschert. Was da ist, wird ohne Rücksicht auf ein Morgen genutzt und der Abfall einfach vor die Zelltür geworfen. Wie sehr solche kurzsichtige Sorglosigkeit danebengehen kann, musste das Leben vor rund 2,4 Mrd. Jahren auf drastische Weise erfahren, als es sich selbst beinahe ausgerottet hätte. Mit Sauerstoff aus der Photosynthese – einer Technologie, für die es damals leider noch kein Recyclingprogramm gab. Erst im letzten Moment gelang es einigen Zellen, den Feind zu einem Verbündeten zu machen. Glück gehabt!

Das Leben auf eigene Rechnung kommt teuer. Ein ausgedientes Protein ersetzen? Dafür sind hunderte Aminosäuren nötig, von denen jede einzelne zuvor aufwändig synthetisiert werden muss. Ein bisschen wachsen? Noch schlimmer! Nun sind neben weiteren Proteinen zusätzliche Membranlipide fällig. Wachsen ist also nur in guten Zeiten drin. Und Fortpflanzung? Der pure Luxus! Alles muss verdoppelt werden, die ganze Zelle. Nichts im Leben ist anstrengender. Die Aktion kostet die letzten Reserven, die eine Zelle zuvor mühsam angespart hat. Darum braucht sie nach jeder Teilung eine ganze Weile, um sich von den Strapazen wieder zu erholen. Vermehrung ist nur etwas für goldene Zeiten im Überfluss.

Die Währung, in der das Leben für seine Aktivitäten bezahlen muss, ist Energie. Während ringsum alles zerbröselt und zerfällt, schwimmt das Leben gegen den Trend und errichtet aus einfachen Bausteinen komplexe Strukturen. Das funktioniert aber nur, wenn es seine Absichten mit energischem und energetischem Nachdruck durchsetzt. Statt zuzulassen, dass sich ihre Bestandteile in Einzelteile zerlegen, wobei Energie frei würde, stecken Zellen auf ausgeklügelte Weise Energie in ihren Stoffwechsel und zwingen den Molekülen damit ihren Willen auf.

In der Vergangenheit der frühen Urzellen, als das Leben noch nahe an heißen Quellen beheimatet war, genoss jede Zelle gewissermaßen unbegrenzten Wohlstand. Brauchte sie Energie, dann zapfte sie einfach die Erdwärme ihrer Wohnstätte an – über Energie redete man nicht, man hatte sie. Das änderte sich in Sekundenschnelle, sobald eine Zelle aus ihrer gewohnten Umgebung herausgespült wurde. Das Wasser der Ozeane, Seen und Tümpel war kalt und geizig. Wärmeenergie gab es hier nicht zu verschenken. Wer abseits von Zuhause überleben wollte, musste schon selbst für seinen Unterhalt sorgen. Doch kaum eine Zelle war darauf vorbereitet. Der Sprung in die Selbständigkeit war deshalb für die meisten ein Schritt in den sicheren Tod.

Aber manche müssen es dennoch geschafft haben. Mit chemischen Tricks und damals brandneuen biologischen Erfindungen gelang es ihnen, einige Zerfallsreaktionen unter ihre Kontrolle zu bringen und die dabei freiwerdende

Energie zu nutzen, um eigene Aufbaureaktionen anzutreiben. Sie erweiterten ihren Baustoffwechsel, bei dem kleine Moleküle zu größeren Komplexen kombiniert wurden, um einen Energiestoffwechsel, der für den Antrieb sorgte. Wem dies gelang, der war fortan autonom und konnte sich frei bewegen, wohin er wollte. Das Leben war flügge geworden.

Ein stickiger Anfang

Mit der Kopplung von abbauenden und aufbauenden Reaktionen war das Leben zwar unabhängig geworden, aber es war zugleich energetisch bettelarm. Schuld war ein unfairer Wechselkurs für Energie. Grundsätzlich lässt sich nur ein Bruchteil der Energie aus dem Zerfall eines Stoffes einfangen, das meiste geht ungenutzt als Wärme verloren. Deshalb benötigt eine Zelle weitaus mehr Energie, um beispielsweise eine Aminosäure herzustellen, als sie aus deren Abbau gewinnt, falls sie etwa durch den Tod einer benachbarten Zelle plötzlich die Möglichkeit hat, deren Strukturen mitsamt der Aminosäuren auszuschlachten. Obendrein lassen sich die meisten Substanzen nur bis zu einem bestimmten Punkt gewinnbringend zerlegen. Beim Abbau von Zucker, der uns heutzutage als echte Kalorienbombe bekannt ist, war für die frühen Zellen vermutlich auf der Stufe von Ethanol oder Milchsäure Schluss. Die meiste Energie, die in dem Zucker steckte, ließ sich unter den Bedingungen der Urozeane und Uratmosphäre auch mit noch so raffinierten Tricks nicht aus dem Molekül quetschen. Denn den Lebensräumen der frühen Erde fehlte etwas, was für moderne Organismen so selbstverständlich ist, dass wir kaum mehr darüber nachdenken, wo es einst hergekommen ist – Sauerstoff.

Obwohl Sauerstoff massenmäßig das häufigste Element der Erdkruste ist, war in der Uratmosphäre direkt nach Entstehung des Planeten nicht viel davon zu finden. Damals umgaben Wasserstoff und Helium die Erdkugel, und auch diese beiden Gase verflüchtigten sich bald ins Weltall. Für Ersatz sorgten Kometen, die aus den äußeren Bereichen des Sonnensystems kamen und beladen mit Stickstoff und Sauerstoff auf der Erde einschlugen. Vor allem aber füllten vulkanische Gase die Atmosphäre wieder auf, als sich das Gestein an der Kruste langsam abkühlte. Wirklich frisch war die Luft dieser ersten Atmosphäre aber nicht, weil sie neben 80 % Wasserdampf und 10 % Kohlendioxid, dazu Ammoniak und Methan, auch 5 % Schwefelwasserstoff enthielt – es hat daher auf der Erde höllisch gestunken. Doch noch war niemand da, der darüber die Nase rümpfen konnte. Denn das Leben musste warten, bis die Temperaturen so weit gefallen waren, dass der Wasserdampf kondensieren konnte und in einem einmaligen über mehrere Millionen Jahre dauernden Rekordregen ganze Ozeane vom Himmel fielen.

Die Konzentration an Wasserdampf nahm durch den Regen ab, und Stickstoff wurde zum bestimmenden Element der zweiten Atmosphäre. Und noch etwas veränderte die Zusammensetzung der Luft: Die starke UV-Einstrahlung von der Sonne spaltete die Moleküle von Ammoniak, Methan und den größten Teil des restlichen Wassers. Während der Wasserstoff wieder einmal auf Nimmerwiedersehen ins All verschwand, fanden sich Sauerstoff aus dem Wasser und Kohlenstoff aus dem Methan zu Kohlendioxid zusammen. Das Kohlendioxid wanderte in großen Mengen in die Meere und machte sie sauer. In der Nähe von Gesteinen reagierte es aber mit deren Mineralien zu Karbonaten, was die Versäuerung ein wenig milderte. Der Sauerstoff blieb dabei jedoch gebunden, und so war die Welt des frühen Lebens ohne Sauerstoff eine reichlich stickige Umgebung.

Vom Sonnenschutz zum Turbobooster

Das UV-Licht, das bereits die Gase in der Atmosphäre zerlegt hatte, machte auch den Urzellen zu schaffen, sobald sie ungeschützt in die oberflächennahen Schichten der Gewässer trieben. Heutzutage nutzen wir die sterilisierende Wirkung der Strahlung gerne, um empfindliche Gegenstände oder auch Trinkwasser von Keimen zu befreien. Vor rund 3 Mrd. Jahren stellten die bakterienähnlichen Mikroorganismen aber den Ursprung allen Lebens dar – und das befand sich erneut auf sich alleine gestellt im Kampf mit den todbringenden Elementen.

Was genau geschah, lässt sich nicht mehr mit Sicherheit sagen. Vermutlich entwickelten ein paar Zellen farbige Moleküle – sogenannte Pigmente –, die sie vielleicht eigentlich für einen anderen Zweck wie etwa den Abbau von Biomolekülen brauchten, die aber zusätzlich einen Teil des UV-Lichts schluckten und unschädlich machten. Der Effekt solch eines Schutzschirmes muss phänomenal gewesen sein. Selbst wenn die Wirkung nur schwach gewesen sein sollte, ermöglichte sie den Zellen, ein paar Millimeter oder Zentimeter dichter an der Oberfläche zu überleben und die dort vorhandenen Nährstoffe für sich zu beanspruchen. Die Pigmente wurden zu einem Selektionsvorteil, der Zellen mit

UV-Schutz prächtig gedeihen ließ. In der Folge entstanden
immer bessere Farbstoffe, die immer zuverlässiger schützten. Die Zellen verbandelten sie mit Proteinen und lagerten die Komplexe in ihre Membranen ein, wo sie wie eine
Markise das gesamte Innere beschatteten. Ein Wettlauf der
Optimierer könnte eingesetzt haben – bis das Rennen mit
einem Schlag entschieden war.

Womöglich hatte einer der Pigment-Protein-Komplexe
niemals seine ursprüngliche Aufgabe im Stoffwechsel vergessen und war immer noch an den Reaktionen beteiligt.
Eines Tages koppelte er die beiden Funktionen miteinander und machte damit eine der größten Erfindungen der
gesamten Erdgeschichte: die Photosynthese. Das Pigment
fing ab sofort nicht einfach nur das Sonnenlicht auf, sondern es reichte die Energie an sein Protein im Komplex
weiter. Das Protein nutzte die Energie sodann, um damit
chemische Reaktionen anzutreiben, indem es beispielsweise
Phosphate aneinanderkettete. Die dabei entstehenden Moleküle konnten anschließend als universelle Energiewährung überall in der Zelle eingesetzt werden, wo gerade ein
wenig chemischer Nachdruck nötig war. Die gefährliche
Strahlung war plötzlich nicht nur gebändigt, sondern zum
Verbündeten im Überlebenskampf geworden. Mit dem
Sonnenlicht stand den Zellen endlich eine unerschöpfliche
Energiequelle zur Verfügung, die ihren ständigen Hunger
tatsächlich stillen konnte. Die Zeit der energetischen Ar-
mut war scheinbar zu Ende.

Soweit die Spekulation. Ob sich die Ereignisse wirklich
in dieser Weise abgespielt haben, werden wir vermutlich
niemals erfahren. So gut wie keine Fossilien verraten uns
etwas über die Art oder auch nur den Zeitpunkt, wann sich

die Photosynthese entwickelt hat. Sicher ist nur, dass die ersten photosynthetischen Zellen mit ihrem Pigment-Protein-Komplex – oder wie wir heute sagen: mit ihrem Photosystem – genügend Energie chemisch fixieren konnten, um autark zu sein. Diese Energie nutzten sie, um Kohlendioxid aus der Luft oder dem Wasser einzufangen und in zelleigene Verbindungen umzuwandeln, wodurch sie sich noch unabhängiger von den heißen Quellen machten, denn nun konnten sie nicht nur auf deren Energie verzichten, sondern auch auf viele der kleinen Verbindungen, die von den Quellen ins Wasser gespült wurden.

Das Leben stand jetzt auf eigenen Füßen – oder zumindest beinahe.

Abfall ohne Endlager

Ganz ohne fremde Hilfe kamen die Urzellen noch nicht aus. Zwar zogen sie aus dem Sonnenlicht genügend Energie, um aus Kohlendioxid den Kohlenstoff zu extrahieren – ein Prozess, der immerhin einer umgekehrten Verbrennung entspricht –, aber damit die Sauerstoffatome im Kohlendioxid vom Kohlenstoff abließen, mussten die Zellen ihm etwas anderes bieten. Der Tausch funktionierte am besten mit Wasserstoff, Schwefelwasserstoff oder Eisen, auf das der Sauerstoff überspringen konnte. Diese Substanzen schwammen im Wasser herum, allerdings nur in ziemlich begrenzten Mengen. Statt an Energie mangelte es den Zellen nun an Reaktionspartnern für den Sauerstoff. Das Leben fuhr trotz seines photosynthetischen Turboboosters erst einmal weiter mit angezogener Handbremse.

Die ultimative Lösung für das Problem fand schließlich ein Vorfahre der modernen Cyanobakterien, die früher auch häufig als Blaualgen bezeichnet wurden. Vor wahrscheinlich 2,7 Mrd. Jahren, eventuell aber auch einige zig oder hundert Millionen Jahre vorher, verfügte diese Zelle über zwei verschiedene Versionen von Photosystemen, die im Wesentlichen gleich gebaut waren, sich aber in einigen Details voneinander unterschieden. Besonders die angelagerten Zusatzproteine, mit denen die Photosysteme den Austausch mit anderen Molekülen organisierten, waren an jeweils verschiedene Substanzen angepasst. Vielleicht haben die damaligen Bakterien auf diese Weise versucht, den Engpass der kleinen Verbindungen zu umgehen, indem sie einfach chemisch mehrgleisig ausgelegt waren. Je nachdem, welche Substanz im Wasser vorhanden war, warfen sie den passenden Komplex an und konnten so unter verschiedenen Umgebungsbedingungen leben. Der neue Trick des Cyanobakterien-Urahns bestand nun darin, seine beiden Photosysteme nicht parallel zueinander arbeiten zu lassen, sondern sie hintereinander in Reihe zu schalten. Die Substanzen, die das erste System als Produkt ausspuckte, wanderten als Rohstoff in das zweite System hinein. Mit revolutionärem Ergebnis.

Der Vorteil der kleinen Kette bestand darin, dass die beiden Photosysteme ihre Energie zusammenwarfen, wenn sie nacheinander aktiv wurden. Gemeinsam konnten sie nun so viel Energie sammeln, dass sie damit anstelle des seltenen Wasserstoffs oder Schwefelwasserstoffs das reichlich vorhandene Wasser spalten konnten. Den Sauerstoff, der dabei übrig blieb, verknüpften sie kurzerhand zu molekularem Sauerstoff, den sie als Gas einfach an das umgebende Wasser abgaben. Damit war auch das letzte Hindernis beseitigt.

Dank Photosynthese mit gekoppelten Photosystemen gab es ausreichend Energie und Kohlenstoff, um so viel Zellmaterial aufzubauen, wie nie zuvor. Der Siegeszug des Lebens konnte schließlich anfangen.

Doch unbemerkt von den frisch drauflos wachsenden Zellen begann eine Zeitbombe zu ticken, die eines Tages einen verhängnisvollen Giftgasanschlag starten sollte.

Ein molekularer Killer

Zunächst war von der Katastrophe aber nichts zu spüren. Der Sauerstoff, den die photosynthetischen Zellen ins Wasser abschieden, fand dort begierige Abnehmer. Beispielsweise Eisenatome, die massenhaft aus Vulkanen oder bei der Verwitterung von Gestein in die Ozeane gelangt waren. Sie trieben in einer gut löslichen Form vor sich her. Traf ein Eisenatom jedoch mit einem Sauerstoffmolekül zusammen, wurde es umgehend oxidiert. Die Ozeane rosteten sozusagen durch die Schuld der Bakterien vor sich hin. Die unlöslichen Eisenverbindungen sanken zu Boden und lagerten sich dort in Schichten ab, wo wir sie 2,5 Mrd. Jahre später an manchen Orten wie Südafrika und Australien als Bändererze entdecken. Genaugenommen verdanken wir den Ur-Cyanobakterien daher unsere technische Zivilisation, denn mit geschätzten 150 Mrd. Tonnen stellen die Bändererze die wirtschaftlich wichtigsten Eisenvorräte dar. Ohne den Sauerstoff aus der frühzeitlichen Photosynthese würde das Eisen dagegen noch immer im Meer schwimmen.

Aber das Leben beging den gleichen Fehler, den auch der moderne Mensch mit offenen Augen macht: Was am

Anfang wie eine unerschöpfliche Ressource aussieht, ist irgendwann doch endlich. Und so war auch das Eisen im Meer eines Tages aufgebraucht, ebenso wie alle anderen Stoffe, die sich mit Sauerstoff oxidieren ließen. Ohne willigen Partner für eine chemische Reaktion sammelte sich der Sauerstoff immer weiter an. In den oberflächennahen Wasserschichten, wo die Photosynthese stattfand, stieg die Konzentration zunehmend an. Im Vergleich zum heutigen Standard lagen die Werte zwar weiterhin extrem niedrig, doch die damaligen Organismen waren darauf eingestellt, praktisch überhaupt keinen Sauerstoff anzutreffen. Und so wurde das reaktionsfreudige Gas für sie zu einem gnadenlosen Killer.

Aktiviert von der UV-Strahlung des Sonnenlichts griff der Sauerstoff wahllos jedes Molekül an, das nicht stabil genug war, seinen Attacken zu widerstehen. Er zersetzte Membranlipide. Er oxidierte Proteine. Er spaltete DNA und RNA. Ihrer lebensnotwendigen Strukturen beraubt, starben die Zellen in unvorstellbaren Massen. Erneut sind wir auf Mutmaßungen angewiesen, aber viele Wissenschaftler glauben, dass beinahe die gesamte Bakterienpopulation der Erde von ihrem eigenen Gift langsam dahingerafft wurde. Außer Bakterien gab es aber keine anderen Lebensformen, sodass das Leben insgesamt kurz davor stand, sich selbst auszurotten.

Und der Sauerstoff blieb nicht in den Ozeanen. Er stieg auch aus dem Wasser in die Atmosphäre auf (siehe Abb. 8.1). Hier fand er neue Moleküle, die für ihn leichte Opfer darstellten. Er oxidierte das gesamte Methan in der Luftschicht zu Kohlendioxid. Weil Kohlendioxid aber als Treibhausgas viel schwächer ist als Methan, schwand damit der wärmende Mantel um die Erde. Statt einen großen Teil

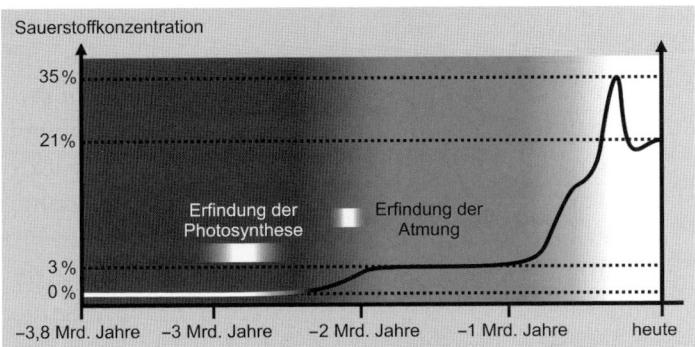

Abb. 8.1 Die Entwicklung der Sauerstoffkonzentration in der Atmosphäre und den oberflächennahen Schichten der Meere. Die neu erfundene Photosynthese setzte große Mengen an Sauerstoff frei, bis die ersten atmenden Zellen den Trend bremsen konnten. Trotzdem war selbst die geringe Konzentration für viele Organismen tödlich und Auslöser eines globalen Massensterbens. © Olaf Fritsche

der Sonnenenergie in der Atmosphäre zu halten, ließ die Luft immer mehr Wärme entweichen. Die Erde verwandelte sich in einen Schneeball. Vor 2,3 Mrd. Jahren begann die Huronische Eiszeit oder paläoproterozoische Vereisung – die erste und längste Eiszeit der Erdgeschichte.

Das Leben steckte mitten drin in der selbstverschuldeten Großen Sauerstoffkatastrophe.

Den Bock zum Gärtner machen

Dabei blieb die Sauerstoffkonzentration in der Atmosphäre für unsere heutigen Verhältnisse ausgesprochen niedrig. Sie kletterte nur langsam auf gerade einmal drei Prozent. So gut wie nichts im Vergleich zu den 21 %, die unsere Luft enthält. Hinzu kam, dass der Sauerstoff für Millionen Jahre vor allem in den oberflächennahen Zonen blieb, wo er produziert wurde. Schon mittlere Tiefen in den Meeren boten sicheren Schutz vor dem Gas. Das Leben hatte also glücklicherweise eine Rückzugszone, in der es sich erholen konnte.

An der Oberfläche tobte aber der Überlebenskampf. Die Zellen führten ihn mit den Waffen der Evolution. Die unverändert starke UV-Strahlung sorgte dafür, dass sich immer wieder Fehler in ihre Erbmoleküle einschlichen. Unter normalen Umständen stellten diese Mutationen vor allem ein großes Risiko dar, denn jede Abweichung vom bewährten Bauplan konnte bedeuten, dass irgendein wichtiges Protein nicht mehr funktionierte und die Zelle zugrunde ging. Unter dem Druck der Sauerstoffattacke boten die Mutationen jedoch die einzige Chance, sich an die Anwesenheit des Gases anzupassen. Denn es bestand die winzige, aber durchaus vorhandene Möglichkeit, dass durch eine Reihe von Mutationen ein Protein so verändert wurde, dass es den Sauerstoff unschädlich machte. Mochte die Wahrscheinlichkeit dafür auch bei eins zu zig Billiarden liegen, bei der großen Zahl von Zellen, die bereits die Ozeane bevölkerten, musste dennoch fast zwangsläufig der große Coup gelingen. Es war nur eine Frage der Zeit, wann die Evolution die passende Antwort auf den Sauerstoff finden würde.

Letztlich gelang es ihr gleich mehrfach. Irgendwann und irgendwo entwickelten Zellen Systeme, mit denen sie den Sauerstoff mehr oder minder gut unschädlich machen konnten. Enzyme wie Katalase und Superoxiddismutase lenkten das Gas auf harmlose Bahnen, bevor es lebenswichtige Strukturen zerstören konnte. Das machte die Zellen

aerotolerant und verlieh ihnen gegenüber ihren herkömm-
lichen Nachbarn einen gewaltigen Vorteil. Wer mit Sauerstoff klarkam, brauchte nicht ständig die vielen Schäden
zu reparieren, die das Element verursacht hatte, sondern
konnte sich wieder auf das Wachsen und die Fortpflanzung
konzentrieren. Die Selektion als zweiter Mechanismus der
Evolution bevorzugte daher widerstandsfähige Zellen, die
sich schnell vermehrten. Das Leben hatte tatsächlich den
Kampf gewonnen. Von Aussterben war keine Rede mehr.
Doch die Evolution hatte noch eine Überraschung parat.

Unter ihren vielen Experimenten waren auch Versuche,
in denen Stoffwechselprozesse miteinander verbunden wurden, die ursprünglich getrennt abliefen. Wie schon früher,
als das Leben isolierte Vorgänge miteinander koppelte, entwickelten sich daraus erstaunliche Reaktionsketten mit unerwarteten Resultaten. Dieses Mal kombinierten manche
Zellen den Abbau von Nährstoffen mit Proteinen in der
Membran, wie sie ganz ähnlich an der Photosynthese beteiligt waren. Die Membranproteine transportierten Elektronen, die beim Verdauen als Abfall anfielen, hin und her
und gaben sie schließlich an ein Molekül ab, das ganz gierig
nach ihnen war: Sauerstoff.

Es war eine geniale Erfindung. Die Ereigniskaskade,
die wir heute als Atmungskette bezeichnen, sorgte dafür,
dass der Sauerstoff bekam, was er wollte, ohne dafür Zell-
strukturen zerstören zu müssen. Gleichzeitig entsorgte er
damit die „Abfälle" des Stoffwechsels, sodass der Abbau
von Nährstoffen nicht mehr auf halbem Wege stoppen
musste, sondern bis zum Ende durchlaufen konnte. Statt
Zucker nur zu Alkohol oder Milchsäure zu verarbeiten,
wurde er mithilfe des Sauerstoffs vollständig zu Kohlendi-

oxid verbrannt. Das bedeutete, die Zelle erhielt sehr viel mehr Energie als beim anaeroben Abbau ohne Sauerstoff. Dazu trug auch der Trick mit den Membranproteinen bei, denn mit einem komplizierten System von Übergaben nutzte die Zelle die Elektronengier des Sauerstoffs stufenweise für die Produktion weiterer Energieträgermoleküle. Wer atmen konnte, brauchte folglich den Sauerstoff nicht mehr zu fürchten, sondern nutzte ihn für seine eigenen Zwecke. Wer atmen konnte, hatte nie wieder Energiesorgen. Wer atmen konnte, war gerüstet, um die neue Welt zu erobern.

Die Erfindung der Atmung war nach der Entwicklung der Photosynthese der zweite große Durchbruch des Lebens. Fortan war der Sauerstoff kein giftiger Sondermüll mehr, der Probleme bereitete, sondern ein lebensspendender Stoff, der in einem geschlossenen Kreislauf abgegeben und aufgenommen wurde. Die Atmung wurde so beliebt, dass atmende Zellen zusammen mit sauerstoffverbrauchenden chemischen Prozessen den Anstieg der Sauerstoffkonzentration in der Atmosphäre bei rund drei Prozent zum Stehen brachten und sie bis 600 Mio. Jahre vor unserer Zeit auf diesem Niveau hielten. Die Natur hatte das Recycling erfunden.

Das Ende der Unschuld

Wie fast jede Erfindung brachte auch die Atmung eine dunkle Seite mit sich. Denn anders als die photosynthetischen Zellen, die ihre Energie aus dem kostenlosen Sonnenlicht bezogen, waren atmende Organismen auf Nährstoffe angewiesen, die sie mit dem Sauerstoff verdauen konnten. Die wenigen Moleküle, die frei im Wasser umherschwammen, reichten für die Unmengen hungriger Zellen bei Weitem nicht aus. Vor allem nicht, wenn es massenhaft konzentrierte Pakete mit den leckersten Zutaten gab. Zucker, Fettsäuren, Aminosäuren … alles, was eine Zelle zum Leben und Wachsen brauchte, war gleich nebenan zu haben – man musste nur seinen Nachbarn fressen.

Ob die ersten Räuber wirklich mit dem Erscheinen atmender Zellen entstanden, wird – wie so vieles zur Frühgeschichte des Lebens – wahrscheinlich auf Dauer im Dunkeln bleiben. Unter heutigen Einzellern gehört das Verspeisen anderer Zellen jedenfalls zu den gängigen Methoden, sich mit allem zu versorgen, was der Organismus so braucht. Entweder, wenn die Mahlzeit sowieso bereits tot ist, oder indem man eben ein wenig nachhilft.

Fressen und gefressen werden wurde anscheinend zum neuen Trend des Lebens. Manche Mikroben setzten ganz auf ein Dasein als Räuber und bauten ihre Zellen entsprechend um. Sie entfernten ihre starren Zellwände, die zwar gut gegen mechanischen Druck schützten, aber zugleich verhinderten, dass man sich seine Beute einverleiben konnte. Um trotzdem einigermaßen in Form zu bleiben und sich gezielt bewegen zu können, errichteten die Zellen dynamische innere Gerüste, sogenannte Zytoskelette, die je nach Bedarf schnell auf- oder abgebaut werden konnten und nicht nur als Stütze sondern auch als Schienen für den schnellen internen Transport dienten. Vor allem aber mussten die Räuber größer werden, wenn sie ihre Beute im Ganzen verschlucken wollten – gekaut wurde damals noch nicht.

So ausgestattet konnten die Fresszellen auf die Jagd gehen. Sie pirschten sich an ihre Opfer heran und schoben die eigene Membran um die nichtsahnende Zelle herum, als stülpten sie ihr einen Sack über. Wenn sich die Membran hinter der Beute schloss, war diese in einem Bläschen innerhalb des Räubers gefangen. Die Fresszelle konnte nun in aller Ruhe Verdauungsenzyme in das Bläschen geben und ohne Gefahr für ihre eigenen Strukturen die unglückliche Zelle zerlegen. Im Prinzip war solch ein Verdauungsbläschen der Vorläufer des modernen Magens, inklusive Sodbrennen, falls doch ab und zu eines der Enzyme in das eigene Zellinnere entwischte.

Mit Untermietern zum modernen Leben

So raffiniert dieser Phagozytose oder Zellfressen genannte Überfall auch war – er funktionierte nicht immer. In seltenen Fällen schaffte es die Beute auf rätselhafte Weise, nicht verdaut zu werden (siehe Abb. 8.2). Stattdessen saß sie fest wie ein Stein im Räubermagen und verursachte dort vermutlich heftiges Bauchdrücken. Wahrscheinlich werden die Fresszellen nach Möglichkeit versucht haben, die wehrhaften Störenfriede wieder auszuspeien. Mindestens zweimal haben sie sich aber mit ihrem unverdaulichen Opfer arrangiert und sind mit ihm eine enge Partnerschaft oder Symbiose eingegangen, von der beide Seiten profitiert haben und die den nächsten großen Schritt zu höheren Lebensformen wie Pflanzen und Tieren markierte.

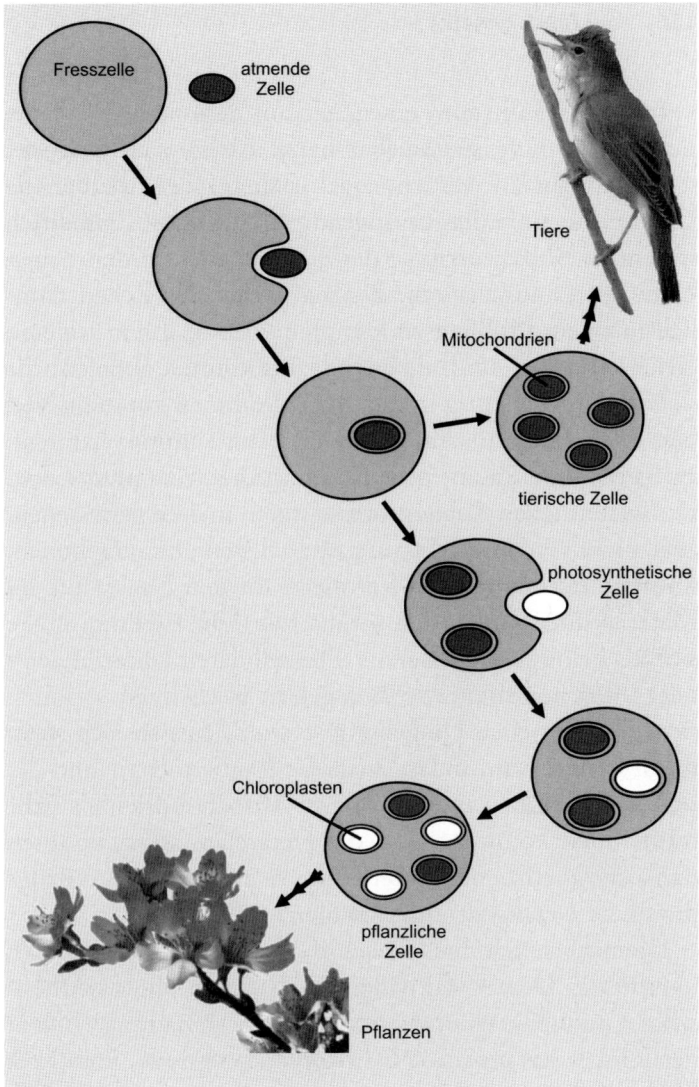

Abb. 8.2 Die Endosymbiontentheorie beschreibt die Entwicklung höherer Zellen. Räuberische Fresszellen verleiben sich kleinere Organismen als spezialisierte Zellorgane – sogenannte Organellen – ein. Im Laufe vieler Millionen Jahre wurden atmende Bakterien zu Mitochondrien und Photosynthese betreibende Cyanobakterien zu Chloroplasten. Der Grundstein für die Evolution der Tiere und Pflanzen war damit gelegt. © Olaf Fritsche

Im ersten Fall stand eine Zelle auf dem Speiseplan, die sich auf Atmung spezialisiert hatte. Als sie sich weigerte, selbst verdaut zu werden, ergab sich für den Räuber die Chance, die unbedingt notwendigen, aber den Zellbetrieb störenden Abbauvorgänge des Stoffwechsels an den neuen Untermieter auszulagern. Bislang hatten alle Zellen nämlich mit dem Problem zu kämpfen, dass in ihrem Inneren gleichzeitig auf- und abbauende Reaktionen abliefen, die sich leicht gegenseitig in die Quere kommen konnten. Viel besser war es da, das biochemische Ein-Zimmer-Labor in zwei getrennte Räume oder Kompartimente zu unterteilen: Die wesentlichen Abbauprozesse waren in dem gefressenen, aber nicht verdauten Atmungsspezialisten gut aufgehoben, während der räuberische Vermieter für den Nachschub an Material und Nährstoffen sorgte. Die Arbeitsteilung stellte sich als Erfolgsmodell heraus. Die zellularen Untermieter – oder Mitochondrien, wie Biologen sie bezeichnen – fühlten sich in ihrer neuen Umgebung so wohl, dass sie sich sogar in ihr vermehrten, sodass auch die Räubertöchter und deren Nachkommen stets genügend Mitochondrien als Erbe mitnehmen konnten. Und die Fresszellen selbst konnten dank ihrer effizienten Helfer noch tödlichere Streifzüge durch die Urzeitwelt unternehmen.

Die nächste Symbiose machte die Jagd auf kleine Zellen überflüssig. Dieses Mal widersetzte sich ein photosynthetisches Cyanobakterium hartnäckig der Verdauung. Indem der Räuber das erneute Nicht-Opfer integrierte, konnte er direkt die Energie des Sonnenlichts nutzen, ohne dafür den ganzen komplizierten Molekülapparat inklusive der Schutzenzyme gegen die hohe Sauerstoffkonzentration selbst produzieren zu müssen. Es gab erneut einen Handel zum beiderseitigen Nutzen, und die Cyanobakterien fügten sich als Chloroplasten in das Stoffwechselnetz ihres Wirtes ein, der dadurch zum Vorfahren aller höheren Pflanzen wurde.

Heutzutage sind Mitochondrien und Chloroplasten die wichtigsten Zellorganellen höherer Zellen, die ähnlich wie die Organe von Tieren spezielle Aufgaben für den Gesamtorganismus übernehmen. Im Laufe der Zeit haben sie ihre ursprüngliche Selbständigkeit vollkommen aufgegeben und viele biochemische Prozesse und sogar einen großen Teil ihrer Erbinformation an die Wirtszelle übertragen. Nur noch ein kleiner Rest von eigener DNA, die bakterientypische Membran und einige Enzymkomplexe erinnern an ihre eigenständige Vergangenheit. Das volle Potenzial ihrer Fähigkeiten konnten sie aber erst als adoptierte Untermieter oder Endosymbionten entfalten – und damit die Tür aufstoßen zu komplexeren Lebensformen wie Ringelwürmern, Brontosauriern und Menschen.

Glücksfall Nummer acht: Die Luft zum Leben ist nicht mehr giftig

Eine Energietechnologie zu entwickeln, bei der niemand weiß, wo der Müll hin soll, ist gefährlich. Durch ihr aggressives Abfallprodukt Sauerstoff hätte die Photosynthese beinahe das junge Leben gleich wieder ausgelöscht. Wir haben ungeheures Glück gehabt, dass die Evolution noch rechtzeitig einen Schutzmechanismus gefunden und die Atmung als komplementären Prozess entwickelt hat, mit dem der Sauerstoff in einen geschlossenen Kreislauf gezwungen werden konnte. Aus heutiger Perspektive betrachtet hat die

„Mama, der Mann pupst ganz viel giftigen Sauerstoff in die Atmosphäre!" (© Salome Hunziker)

Megakrise sogar erst den Weg zu modernen Zellen und damit zu uns Menschen bereitet. Es gibt uns also nur, weil die Natur manchmal ein rücksichtsloser Umweltverschmutzer sein kann.

Aber noch waren die Folgen der Sauerstoffkatastrophe nicht vollends durchgestanden …

Wo Sie mehr erfahren

* Ernst-Georg Beck: *Biokurs 2007 – Klasse 12– Photosynthese.* (2007)
  http://www.biokurs.de/skripten/12/bs12p.htm?
  bs12-10.htm
  Ausführliche Besprechung der Photosynthese in Pflanzen auf hohem Schulniveau.

- Christian Duve: *Die Herkunft der komplexen Zellen.*
  Spektrum der Wissenschaft 6(1996)
  Ein Übersichtsartikel, der beschreibt, wie Fresszellen
  unverdaute Bakterien zu Zellorganellen gemacht haben
  könnten.
- Earthlearningidea Team: *Erdatmosphäre – Entstehung
  Schritt für Schritt.*
  Unterrichtsmodell zur Entstehung und Entwicklung der
  Atmosphäre.
- Wikipedia: Große Sauerstoffkatastrophe.
  http://de.wikipedia.org/wiki/Große_Sauerstoffkatastro-
  phe
  Übersicht zu den Belegen für die Sauerstoffkatastrophe.

9
Achtung, fertig ... los!

Die größten Hürden schienen genommen, und das Leben hatte sich festgesetzt auf der Erde. Doch eine Kette von Eiszeiten, die ganze Ozeane zufrieren ließen, hinderten die Urzellen daran, sich voll zu entfalten und neue Formen zu bilden. Erst der unermüdliche Einsatz der Vulkane löste das Patt auf und schaffte die Voraussetzungen für eine explosive Entwicklung des Lebens, bei der die Weichen für die nächsten 500 Mio. Jahre gestellt wurden. Glück gehabt!

Als Stephen Jay Gould fünf Jahre alt war, fiel er einem *Tyrannosaurus rex* zum Opfer. „Ich hatte keine Ahnung, dass es so etwas gegeben hatte", erinnerte er sich an den Besuch im Naturhistorischen Museum in New York, zu dem ihn sein Vater im Jahr 1947 mitgenommen hatte. Überwältigt vom Anblick des Dinosaurierskeletts beschloss Stephen Jay, dass er eines Tages selbst solche Überreste lange ausgestorbener Tierarten finden wolle. Und er meinte es ernst. So ernst, dass die anderen Kinder an seiner Schule ihm schließlich den Spitznamen „Fossiliengesicht" gaben. Stephen Jay konnte das nicht von seiner Passion abhalten. Nachmittag für Nachmittag verbrachte er im Museum, wo ihn das Personal bald persönlich kannte und ihn anspornte, weiter an seiner Zukunft für die Vergangenheit zu arbeiten. Ein wenig zum Leidwesen seiner Eltern, die er fortan in jedem Urlaub zu Abraumhalden und verlassenen Flussbetten zerrte, immer auf der Suche nach Dinosaurierknochen. Ohne Erfolg. Alles, was er fand, waren massenweise kleine Fossilien von Meerestieren.

Öffentlich und ruhelos

Gould sollte nie selbst einen Dinosaurier ausgraben. Auch nicht, als er längst Professor für Zoologie an der Harvard University und der bekannteste Paläontologe der Welt geworden war. Seinen Hang zu seltsamen Hobbys hat er sich jedoch zeitlebens bewahrt. So schaute er mit Vorliebe Science-Fiction-Filme, regte sich aber über deren fantasielose Handlungsstränge auf. Er sammelte neben antiquarischen Lehrbüchern auch Kaffeetassen mit aufgeprägten Motiven von Fluggesellschaften und sang leidenschaftlich gerne Operetten – sowohl bei kleineren lokalen Aufführungen als auch manchmal am Ende seiner Vorlesungen und wissenschaftlichen Vorträge. Vor allem aber schrieb Gould viel. Abgesehen von hunderten Fachaufsätzen füllte er monatlich eine eigene Kolumne in der populärwissenschaftlichen Zeitschrift *Natural History* und verfasste über 20 Bücher, die allesamt zu Bestsellern wurde. Kein Wunder also, dass Gould ein gern gesehener Gast in zahlreichen Fernseh-Talkshows und Dokumentationen war. Sogar bei den Simpsons trat er auf und half Lisa, das Skelett eines angeblichen Engels per DNA-Analyse als Werbegag eines neuen Einkaufszentrums zu entlarven.

Solch ein Pensum konnte Gould nur bewältigen, weil er als Workaholic so gut wie keine Pause einlegte. Es kam durchaus vor, dass er Kollegen mitten in der Nacht per Telefon aus dem Bett klingelte, um mit ihnen über eine fachliche Frage zu diskutieren. Häufig saß er bis zwei oder drei Uhr nachts an seinem Arbeitsplatz und stand nach ein paar Stunden Schlaf bereits um halb sieben wieder auf. Einem Bericht in *Newsweek* zufolge pendelte er in einem typischen Monat ständig zwischen seiner Feldarbeit auf den Bahamas und diversen amerikanischen Städten, wo er einen Kritikerpreis für sein neuestes Buch entgegennahm, auf dem Jahrestreffen der *American Association for the Advancement of Science* – einer der wichtigsten wissenschaftlichen Gesellschaften der Welt – gleich drei Vorträge hielt, Verhandlungen über Fördermittel führte, für die *New York Times* einen Bericht über das Gerichtsverfahren in Arkansas schrieb, bei dem er als Zeuge gegen die gleichberechtigte Darstellung der biblischen Schöpfungsgeschichte im Biologieunterricht Stellung bezogen hatte, einen weiteren Artikel über Evolution abfasste, seinen Pflichten als Kolumnenautor nachkam und regelmäßig seine Vorlesung an der Harvard University hielt.

Für Krankheit war in Goulds Terminkalender kein Platz. Und als es doch soweit war, musste sich die Krankheit an ihn anpassen. Im Juli 1982 diagnostizierten Ärzte bei ihm eine aggressive Form von Bindegewebskrebs und prophezeiten, dass er nur noch acht Monate zu leben hätte. Als Reaktion schrieb Gould einen Artikel über die wahre Bedeutung von statistischen Mittelwerten und die begrenzte

Aussagekraft solcher Prognosen und lud mitten in der anstrengendsten Phase seiner Chemotherapie die Paläontologin Elisabeth Vrba zu einem mehrtägigen Arbeitstreffen ein. Die beiden diskutierten intensiv über einige Ideen zur Evolution und entwarfen gemeinsam einen Artikel. Mitten während der Gespräche musste Gould immer wieder ins Bad, wo er sich übergab und von wo er mit neuen Einfällen zurückkam, als habe er die Toilettenschüssel zu einer Quelle der Inspiration erkoren.

Gould besiegte schließlich die Krankheit, doch 20 Jahre später erlag er einem Lungenkrebs, der sich unabhängig vom Bindegewebstumor gebildet und sich zum Zeitpunkt der Diagnose bereits in seinem Körper ausgebreitet hatte. Der streitbare „Prinz der Evolution", wie er einmal auf einer Konferenz genannt worden war, starb am 20. Mai 2002.

Schnecken statt Dinosaurier

Obwohl die Dinosaurier Goulds Leben eine Richtung gegeben hatten, spielten sie in seinem Beruf kaum eine Rolle. Sie waren zu groß, zu selten und zu schwer zu finden. Außerdem waren sie unwiederbringlich ausgestorben, sodass man ihre Entwicklung nicht verfolgen konnte, um damit der Evolution über die Schulter zu sehen. Anstelle der schrecklichen Echsen wählte Gould daher karibische Schnecken als Forschungsobjekt. Von denen gibt es mehr als genügend Unterarten, von denen viele nur auf ganz bestimmten Inseln vorkommen, sodass eine Variante Fingerabdruck für das jeweilige Eiland ist. „Hätte Kolumbus auch nur ein einziges Exemplar eingesammelt, würden wir uns heute nicht mehr

darüber streiten, auf welcher Insel er bei der Entdeckung
Amerikas gelandet ist", scherzte Gould gerne.

Vor allem aber fand er auf seinen Märschen an den verschiedenen Stränden immer wieder Exemplare, die in dem
ein oder anderen Merkmal vom Standardbauplan ihrer Art
abwichen. Sie waren die Versuchsballone der Evolution, aus
denen eines Tages neue Arten hervorgehen konnten. Und genau diesen Prozess wollte Gould endlich verstehen. Wie viele
seiner Kollegen wunderte er sich bei den Fossilien ausgestorbener Spezies über die großen Lücken, die zwischen den
verschiedenen Typen klafften. Wenn die zugehörigen Arten
in einer Linie voneinander abstammten, sollte es eigentlich
Übergangsformen geben, die auf halbem Weg standen. Doch
so sehr die Paläontologen auch suchten – sie fanden viel zu
wenige dieser sogenannten Missing Links. Gould entwickelte
daher als Antwort ein Modell, wonach die Organismen ihr
Aussehen über lange Phasen hinweg kaum verändern, um
dann plötzlich in – nach geologischen Maßstäben – sehr kurzer Zeit viele Veränderungen in dichter Folge durchzuma-
chen. Diese Theorie des Punktualismus führte zwangsläufig
zu scheinbaren Sprüngen im Erscheinungsbild der Fossilien.

Sie könnte deshalb auch helfen, eines der drängendsten
Probleme der Evolutionsforschung zu lösen: die Suche nach
dem Grund für die Kambrische Explosion.

Wenig mehr als Teamarbeit

Milliarden Jahre lang hatte sich fast nichts getan. Nachdem
sich das Leben mit knapper Not durch die selbstverschul-
dete Große Sauerstoffkatastrophe gerettet hatte, begnügte

es sich eine halbe Ewigkeit damit, seine Wunden zu lecken und einfach nur da zu sein. Rund 1,5 Milliarden Jahre entwickelte es sich anscheinend kaum weiter. Zumindest hinterließ es dabei keine auffälligen Spuren. Lediglich ein paar mikroskopische Abdrücke in afrikanischen Schiefergesteinen deuten an, dass die bakterienähnlichen Zellen kleine Arbeitsgemeinschaften gebildet haben.

Womöglich gingen sie dabei ähnlich vor wie moderne Cyanobakterien. Leiden diese unter Stickstoffmangel, wandeln sich einige von ihnen zu sogenannten Heterocysten um, die das Element aus dem Luftstickstoff fixieren können. Weil der dafür notwendige Enzymapparat allerdings sehr sauerstoffempfindlich ist, müssen sich die Heterocysten mit einer gasdichten Zellwand umgeben und dürfen selbst keinen Sauerstoff mehr produzieren. Auf sich alleine gestellt wären sie daher nicht überlebensfähig und darauf angewiesen, von den umgebenden Zellen versorgt zu werden. Zum Ausgleich produzieren sie stickstoffhaltige Verbindungen, die sie an ihre Nachbarn abgeben. Das Kollektiv mit integrierten Spezialisten und regem Tauschhandel macht die Cyanobakterien also biochemisch flexibler und lässt sie unter Bedingungen gedeihen, unter denen Einzelzellen gnadenlos eingehen müssten. Manche Arten von Cyanobakterien leben daher ständig in Kolonien, die fadenförmig sind, sich als Matten ausbreiten oder dreidimensionale Aggregate bilden, und sind somit echte Vielzeller.

Den Sprung vom isolierten Einzelkämpfer zum organisierten Vielzeller haben auch die frühen Lebensformen spätestens vor 1,2 Mrd. Jahren geschafft. Wie weit sie aber die Aufgabenteilung entwickelt haben, ob es bereits Gewebe mit permanent spezialisierten Zellen und Organe als

Zellansammlungen für besondere Aufgaben gab, wissen wir nicht. Ohne feste Schalen oder Panzer hatten die Organismen nach ihrem Tod dem Zerfall wenig entgegenzusetzen. Und so liegt die Vergangenheit des Lebens in einem undurchdringlichen Dunkel.

Bis vor rund 590 Mio. Jahren jemand das Licht anzündete.

Alles schon vorhanden

Die ältesten Fossilien stammen aus der chinesischen Provinz Ginzhou. Neben Mikrofossilien finden sich hier die ersten Überreste des Lebens, die mit bloßem Auge zu erkennen sind, vorwiegend mehrzellige Algen und Schwämme. Nur wenig später entstanden die Fossilien der Ediacara-Fauna, die ihren Namen den australischen Hügeln verdanken, wo sie zuerst entdeckt wurden. Bis zu 80 cm große Abdrücke sind hier im Sandstein erhalten. Sie zeigen Wesen, die heutigen Quallen, Würmern und Korallen ähneln, sowie Vendobionten genannte Organismen, die an dünne, wassergefüllte Luftmatratzen erinnern. Doch das waren nur die Vorboten.

So richtig los ging es vor 540 Mio. Jahren. In Gesteinsschichten, die aus dieser Zeit stammen oder jünger sind, wimmelt es nur so von Fossilien (siehe Abb. 9.1). Es sind so viele, und sie treten so plötzlich auf, dass Paläontologen von der Kambrischen Artenexplosion oder Kambrischen Explosion sprechen. Während sich die Pflanzenwelt weiterhin auf verschiedene Formen von Algen beschränkte, bewies die Evolution bei der Erfindung unterschiedlicher

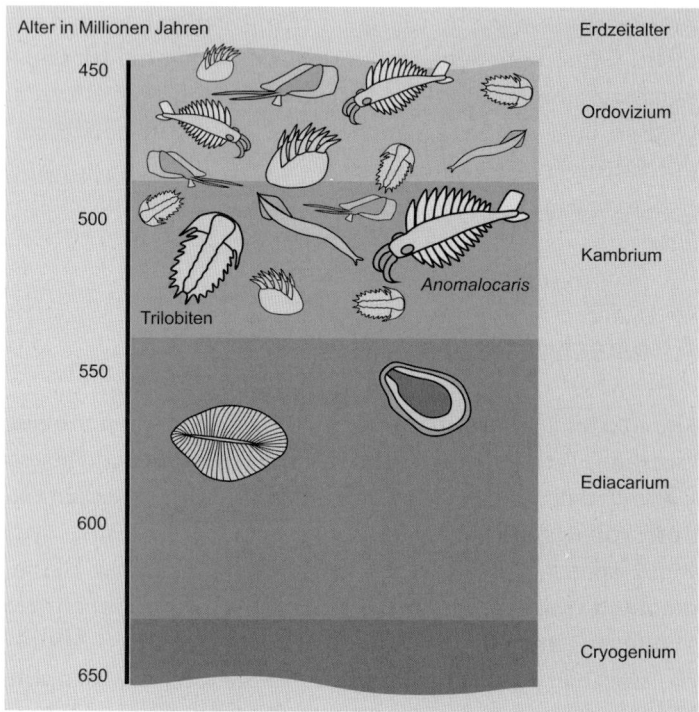

Abb. 9.1 Die Kambrische Artenexplosion. Solange die Erde im Cryogenium von Eis bedeckt war, konnte sich das Leben nicht entfalten. Erst in Gesteinsschichten des Ediacariums und vor allem des Kambriums finden sich plötzlich Fossilien vieler verschiedener Tiergruppen (die Abbildungen sind nicht maßstabsgerecht). © Olaf Fritsche

Tiere ein geradezu kindliches Maß an Fantasie. Niemals zuvor und nie wieder danach entstanden derart grundsätzlich verschiedene Baupläne wie im Kambrium. Es gab zahlreiche Weichtiere wie Schnecken und Muscheln, Tiere mit Armen wie Seesterne, solche mit Beinen, die an Krebse oder Spinnen erinnern, und Tierarten, die keiner heutigen Form ähneln. Manche von ihnen waren radialsymmetrisch aufgebaut wie beispielsweise Quallen oder Korallen, andere hatten eine bilaterale Gestalt mit einer linken und einer rechten Körperhälfte.

Im Prinzip krochen, krabbelten und schwammen in den kambrischen Meeren bereits urtümliche Vertreter aller grundlegenden aktuellen Tierstämme herum. Selbst die Wirbeltiere waren schon vorhanden. *Haikouichthys* war zwar nur wenige Zentimeter lang, aber die 535 Mio. Jahre alten Fossilien könnte man fast für die Larve eines heutigen Neunauges halten. Für viele der damaligen Formen gibt es keine entsprechenden modernen Arten. Ihre Zweige sind vermutlich ausgestorben. Manche Wissenschaftler wie Stephen Jay Gould glaubten darum, dass es im Kambrium sogar deutlich mehr unterschiedliche Baupläne gegeben hat, von denen es nur wenige in unsere Zeit geschafft haben. Je nach Sichtweise wären die heutigen Tiere danach die Elite beziehungsweise der kümmerliche Rest einer einst blühenden Vielfalt. Doch davon sind längst nicht alle Paläontologen überzeugt. Viele von ihnen gehen davon aus, dass sich auch die widerspenstigen Fossilien bei einer genaueren Untersuchung doch zuordnen ließen oder einfach zu schlecht erhalten sind, um überhaupt charakterisiert zu werden.

Fest steht, dass das tierische Leben im Kambrium nicht nur abwechslungsreicher war als früher, sondern auch gefährlicher. Nur wenige Millionen Jahre zuvor konnten die Organismen der Ediacara-Fauna noch angstfrei durch die Meere streifen, da es niemanden gab, der Appetit auf sie hatte. Das vermuten Paläontologen, weil sie keine

angeknabberten Fossilien oder Abdrücke mit Bissspuren
gefunden haben. Seit dem Kambrium sah das ganz anders
aus. Das weiche Sedimentgestein im chinesischen Kaili hat
so manchen gefüllten Verdauungskanal erhalten und verraten, dass die Tiere damals Geschmack an ihren Mitgeschöp-
fen gefunden und sie als willkommene Nahrung verspeist
haben. Allem Anschein nach hatte jede Wasserschicht ihre
spezifische Kombination aus Jäger und Beute. Direkt an der
Grenze zwischen Sediment und Wasser griffen sich Rüssel-
oder Priapswürmer mit ausstülpbaren Rüsseln ihre Beute.
Damit sich diese nicht zappelnd befreien konnte, waren die
Greifer dicht mit kleinen Zähnchen besetzt. Wer lieber auf
dem Meeresboden herumlief, musste sich vor räuberischen
Trilobiten und Gliederfüßern, die wie Silberfischchen aussahen, in Acht nehmen. Selbst groß zu sein und schwimmen zu können, nutzte unter Umständen wenig. Im Wasserkörper war nämlich *Anomalocaris* auf der Jagd, der mit
über einem Meter Länge den größten Räuber des Kambriums darstellte und Greifwerkzeuge hatte, die fast halb so
lang waren wie der übrige Körper.

Um es dem hungrigen Fressfeind möglichst schwer zu
machen, schützten sich viele Arten mit Panzern und Schalen. Außerdem besaßen sie Augen, um das Unheil frühzeitig heraufziehen zu sehen. Bei den häufig gefundenen
Trilobiten, die eines der typischsten Fossilien des Kambriums darstellen, handelte es sich dabei um Facettenaugen,
die zwar kein hochaufgelöstes Bild lieferten, aber ein weites
Blickfeld boten und gut geeignet waren, um Bewegungen
wahrzunehmen. Dummerweise waren die Räuber auf den
gleichen Trick gekommen, und so tobte im Wasser ein ständiger Kampf ums Fressen und Nichtgefressenwerden, bei

dem keine Seite endgültig die Oberhand gewinnen konnte. Das Meer war ein vernetztes Ökosystem, wie wir es aus unserer eigenen Zeit kennen.

Aber warum hatte das Leben so lange damit gewartet? Wieso konnte sich diese Vielfalt innerhalb weniger Millionen Jahre entfalten, wenn zuvor über eine Milliarde Jahre lang Stillstand herrschte?

Der Schneeball Erde taut endlich auf

Schuld hatte womöglich das Klima. Seit der Großen Sauerstoffkatastrophe hatte es kein dauerhaftes Gleichgewicht gefunden und war zwischen Eiszeiten und Warmphasen hin und her gependelt.

Besonders weit ging die Vereisung in dem Zeitraum zwischen 750 und 540 Mio. Jahren vor unserer Zeit. Damals zerbrach der Superkontinent Rodinia, der die einzige Landmasse der Erde darstellte und Urvater aller späteren Kontinente war. Rodinia hatte so ungeheure Ausmaße, dass er im Binnenland staubtrocken war, weil die Wolken nicht so weit vordringen konnten, bevor sie abregneten. Dementsprechend wenig verwittert waren die Gesteine im Landesinneren. Nachdem die Plattentektonik den Kontinent auseinander gerissen und neue küstennahe Landstriche geschaffen hatte, wurde der Boden zum ersten Mal von Regen benetzt, und der chemische Abbau setzte ein. Die Mineralien bildeten mit dem Kohlendioxid der Luft Karbonate wie Kalke und banden dabei so gewaltige Mengen Kohlendioxid, dass dessen Anteil in der Atmosphäre deutlich sank und der Treibhauseffekt geringer wurde. Als Folge brach ein fast ewig erscheinender globaler Winter aus. Die Temperatur sackte weltweit auf – 20 °C und weniger ab. Weite Teile des Ozeans froren zu, und die Erde vergletscherte bis zum Äquator. Die neu entstandenen Eisschichten reflektierten das Sonnenlicht stärker als es das Gestein getan hatte, wodurch es noch kälter wurde. Aus dem Weltall muss die Erde beinahe durchgehend weiß ausgesehen haben, weshalb die Theorie unter Wissenschaftlern auch als „Schneeball Erde" bekannt ist.

Für das Leben auf dem Planeten, das nach wie vor ausschließlich im Wasser zu Hause war, sah es wieder einmal düster aus. Es musste sich in jene Gebiete zurückziehen, die nicht von einer dicken Eisschicht bedeckt waren, oder in der Tiefsee ausharren. Viel Spielraum für innovative Erfindungen, die nichts mit Wärmedämmung oder Zellheizung zu tun hatten, gab es nicht. Meistens waren die Einzeller und ersten Vielzeller vollauf mit dem nackten Überleben beschäftigt.

Immerhin hörte irgendwann der Regen auf. So paradox es klingen mag, sind Eiswüsten tatsächlich echte Trockengebiete. Die kalte Luft kann einfach kaum Feuchtigkeit halten, und bei den tiefen Temperaturen verdunstet sowieso kaum Wasser. Mit den ausbleibenden Niederschlägen nahm auch die Verwitterung ab, und das Gestein entzog der Atmosphäre weniger Kohlendioxid. Gleichzeitig hatte die Plattentektonik zahlreiche Vulkane hervorgebracht, die eifrig neue Treibhausgase in die Luft schleuderten. Es wurde wieder wärmer, das Eis schmolz und gab die Ozeane frei. Durch das viele Wasser stieg der Meeresspiegel und überflutete große Landgebiete. Dabei und durch den jetzt erneut einsetzenden Regen wurden große Mengen Karbonate ins Meer gespült. Vermutlich konnten die Organismen mit dem Kalk zunächst nicht viel anfangen, und manche sammelten ihn auf kleinen Müllhaufen außerhalb ihrer Zellen. Der Abfall stellte sich mit der Zeit allerdings als passabler Schutz gegen mechanische Kräfte heraus, sodass die Tiere ihn zu Schalen, Panzern und Stacheln formten. Im Gegensatz zu ihren lebendigen Weichteilen waren diese Außenskelette außerdem hart genug, um nach dem Tod im Sediment zu überdauern und zu versteinern – und Jahrmillionen später als Fossilien gefunden zu werden.

Damit waren alle Zutaten für die Kambrische Explosion zusammen: ein Kohlendioxidgehalt in der Luft, der bis zum Ende der Periode auf rund zehn Prozent stieg (heute sind es 0,04 %), eine globale Durchschnittstemperatur, die mit etwa 20 Grad deutlich über dem Gefrierpunkt lag (2012 betrug sie 14,6 Grad), und gepanzerte Organismen, die mit hoher Wahrscheinlichkeit für reichlich Fossilien sorgen würden. Es fehlte nur noch die Artenvielfalt.

Ein Planet voller Nischen

Wie viele Arten es in einem Lebensraum gibt, ist vor allem eine Frage der Gelegenheiten. Eine schneeballige Erde, auf der es an Energie mangelt, weil Kälte und Eis die Photosynthese hemmen, auf der kaum Mineralstoffe ins Meer geschwemmt werden, weil es zu wenig Niederschläge gibt, und die mit Tiefsee sowie freiem Wasserkörper im Wesentlichen nur zwei verschiedene Umgebungen zu bieten hat, mutet ihren Bewohnern hingegen stumpfe Monotonie zu. Jeder Versuch, ein wenig aus der Reihe zu tanzen, wird unter diesen Bedingungen mit Hunger und Tod bestraft. Kein Klima für eine kreative Evolution mit neuen Artkonzepten.

Ganz anders sah es aus, als der Schneeball Erde endlich seinen Eismantel abgestreift hatte. Plötzlich standen Energie und Nährstoffe im Überfluss zur Verfügung, und in den neuen Küstenbereichen gab es ausgedehnte Flachwasserzonen, in denen das Licht bis zum Boden drang. Algen und photosynthetische Bakterien mussten nicht mehr an der Wasseroberfläche treiben, sondern konnten sich fest an den Untergrund heften. Sie lebten regelrecht wie im Schlaraffenland und konnten nach Belieben wachsen und sich vermehren. Je mehr es von ihnen gab, desto verlockender wurde es aber, sich an diesem gedeckten Tisch zu bedienen. Durch zufällige Mutationen entwickelten einige Lebensformen die notwendigen Fähigkeiten, abgestorbene Zellen zu verdauen oder gar nicht erst so lange zu warten, sondern ihre ahnungslosen Opfer bei lebendigem Leibe zu fressen. Anfangs werden sie sicherlich noch wahllos alles verschlungen haben, was irgendwie grün war. Doch mit der Zeit spezialisierten sich diese Organismen, die wir „Tiere" nennen, immer weiter – beispielsweise auf Bakterienfilme oder Algenrasen – und entwickelten hocheffiziente angepasste Abbaumethoden. Dazu gehörte auch, dass einige lernten, sich gezielt vorwärts zu bewegen, um größere Areale abzugrasen.

Manche Urtierchen schlugen allerdings eine andere Richtung ein und schnappten sich ihre nahrhaften vegetarischen Nachbarn als Mahlzeit. Mit dem Auftreten der Räuber bekam die Entwicklung zusätzlichen Schwung. Es begann ein Wettrüsten zwischen Beutetieren und Jägern.

Während die einen versuchten, sich mit festen Schalen zu schützen, mit verbesserten Fortbewegungsmethoden zu fliehen und durch Sinnesorgane die Gefahr rechtzeitig zu erkennen, konterten die anderen mit immer kräftigeren Kiefern, raffinierteren Fallen und effektiveren Ortungssystemen. Der Druck, in dem Rennen die Nase vorn zu haben, war so groß, dass es innerhalb kurzer Zeit im Wasser auf unzählige Weisen krabbelte, robbte und schwamm. Der Feind wurde gesehen, gerochen und gespürt. Und anschließend stießen Zähne auf Panzer, arbeiteten sich Bohrer durch Gehäuse und saugten Rüssel vorverdaute Weichteile auf.

Die Welt des Kambriums war somit dynamisch, gefährlich, und sie bot jede Menge Gelegenheiten, sich in ihr einzurichten. Ein Lebewesen konnte Photosynthese treiben, sich vegetarisch ernähren oder Räuber sein. Es konnte an der Wasseroberfläche, im freien Wasser, an der Grenzschicht zum Grund oder im Sediment leben. Es konnte sein Dasein sesshaft verbringen oder durch die Gegend ziehen. Jede mögliche Kombination ergab eine andere Lebensweise oder ökologische Nische, wie es Biologen nennen. Im Vergleich zur vorhergehenden Eiszeit bot das wärmere Kambrium plötzlich eine unüberschaubare Auswahl an Nischen, an die sich die Organismen im Laufe der Zeit immer besser anpassten oder adaptierten. Durch diese adaptive Artentstehung oder Radiation entstanden aus wenigen Ausgangsspezies sehr viele deutlich verschiedene Arten. Einmal losgelassen, dauerte es nicht lange, bis die Evolution ihre Ideen umgesetzt hatte. Auch heute noch läuft die adaptive Radiation sehr schnell ab, wenn ein geeigneter Lebensraum neu besiedelt wird. Erhebt

sich eine Vulkaninsel aus dem Meer oder entsteht irgendwo auf dem Land ein See, finden sich schon bald Pflanzen
und Vögel, an deren Füßen Larven von Amphibien und
Fischen haften, ein. Bleibt die Zahl dieser Pionierarten
niedrig, passen sie sich an die vorhandenen Futterquellen,
Nistmöglichkeiten und Verstecke an und entwickeln sich
innerhalb weniger tausend oder zehntausend Jahre zu neu-
en spezialisierten Arten. Auf den Galapagosinseln wurden
auf diese Weise aus einer Finkenart dreizehn Arten, im
afrikanischen Malawisee entsprang aus ein oder zwei Sorten von Barschen ein Spektrum von über 400 Arten, und
auf Hawaii wurde eine verirrte Taufliege Stammhalter für
über 800 Arten, die heute die Insel bevölkern und zwischen zwei Millimetern und zwei Zentimetern groß werden. Die adaptive Radiation sorgt also ganz automatisch
für eine Artenexplosion, wenn die neue Umgebung ausreichend viele unbesetzte unterschiedliche Nischen bietet.
Bei heutigen Vulkaninseln und Seen fällt sie vielleicht etwas kleiner aus, nach der präkambrischen Eiszeit nahm sie
dagegen wahrhaft naturhistorische Ausmaße an.

Solch ein Ablauf passt sehr gut zu Stephen Jay Goulds
Theorie des Punktualismus. Während der Schneeballphase
der Erde war die Entwicklung der Arten beinahe zu einem
Stillstand gekommen, weil sich unter den eisigen Bedingungen keine neuen Nischen auftaten. In den ersten Jahrmillionen nach der Eiszeit lief die Evolution dagegen dank
der vielen neuen Möglichkeiten sehr schnell, und die Artenvielfalt erreichte den Stand, den wir heute von den Fossilienfunden kennen. Die kalte Frosthölle Erde hatte sich in
ein Paradies verwandelt. Vorerst.

Die Vertreibung aus dem Paradies

Obwohl sich das Leben während des Kambriums ausschließlich auf die Meere und Seen beschränkte, entschied sich sein Schicksal an Land. Anstelle des Superkontinents Rodinia gab es inzwischen den Großkontinent Gondwana sowie dessen kleinere Vettern Laurentia, Baltica und Sibiria. Sie alle boten unerschlossene Lebensräume und neue ökologische Nischen. Vor rund 470 Mio. Jahren wagten sich schließlich die ersten Pflanzen an Land. Sie waren etwa wie unsere heutigen Moose aufgebaut und mussten vor allem mit verbesserten Zellwänden dafür sorgen, dass sie in der neuen Umgebung nicht austrockneten. Diese Unannehmlichkeit nahmen sie in Kauf, denn in ihrem neuen Zuhause gab es keine grasenden Tiere, dafür aber jede Menge wichtiger Mineralien und Spurenelemente, an denen es im Meer ständig gemangelt hatte.

Ausgehend von ufernahen Überschwemmungszonen, die nur gelegentlich trocken fielen, eroberten die Pionierpflanzen die Kontinente – und trugen mehr und mehr zur Verwitterung des Gesteins bei, indem sie ihm Calcium, Magnesium, Phosphor und Eisen entzogen. Als Begleiterscheinung wandelte die beschleunigte Verwitterung auf bewährte Weise Kohlendioxid aus der Luft in Karbonate um, die ins Meer gespült wurden. Wegen der hohen Ausgangskonzentration des Treibhausgases fiel die Erde dadurch nicht gleich in eine erneute globale Eiszeit zurück, doch die Durchschnittstemperatur sank um fünf bis acht Grad, und ein Teil der Südhalbkugel vereiste. Das reichte aus, um vielen inzwischen verwöhnten Lebensformen die

Grundlage zu entziehen. Etwa vier Fünftel aller Tier- und Pflanzenarten starben am Ende des Kambriums aus. Das Leben hatte sich wieder selbst aus dem Paradies vertrieben.

Glücksfall Nummer neun: Das Leben kann sich entfalten

Es war ein Dahinsiechen am Rande des Existenzminimums. Solange Gletscher und Eispanzer die Erde fest im Griff hatten, gab es für das Leben keine Möglichkeit zum Experimentieren. Vermutlich schaffte es den Sprung vom Einzeller zum Vielzeller, vielleicht entwickelte es erste Ansätze für spezialisierte Gewebe, doch im Wesentlichen gab es über eine Milliarde Jahre lang keinen Fortschritt. Erst als Vulkane den Schneeball Erde einigermaßen aufgetaut hatten, setzte sich die Glückssträhne des Lebens fort. Innerhalb eines geologischen Wimpernschlags entwarf es eine derartige Fülle kühner Konstruktionspläne, dass nach einigen Millionen Jahren beinahe alle heutigen Grundtypen von Lebensformen vorhanden waren.

Das Leben fing an, sich bequem einzurichten, doch eine neue Welle globaler Katastrophen bereitete sich darauf vor, es immer wieder auf die Probe zu stellen …

Wo Sie mehr erfahren

• alpha-Centauri: *Was geschah im Kambrium?*
www.br.de/fernsehen/br-alpha/sendungen/alpha-centauri/alpha-centauri-kambrium-2006_x100.html

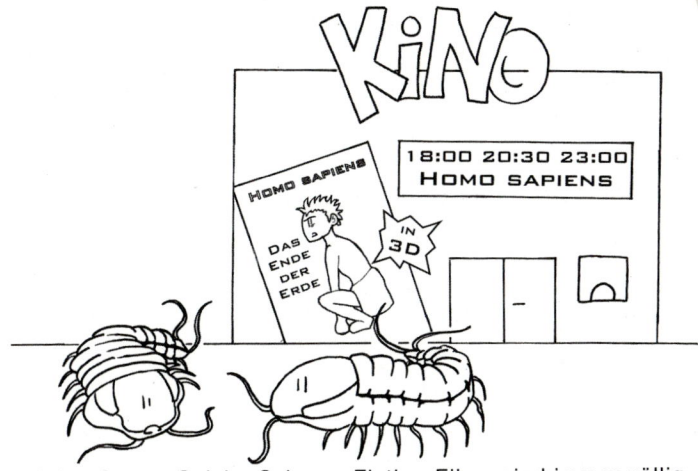

„Keine Sorge: Solche Science-Fiction-Filme sind immer völlig übertrieben." (© Salome Hunziker)

Das Rätsel der Kambrischen Explosion mit Prof. Harald Lesch im Video.

- Olaf Elicki: Als das Leben „explodierte" und eine völlig neue Welt entstand: Das Kambrium. Biologie in unserer Zeit 33/6 (2003)
  online unter: http://www.geo.tu-freiberg.de/~elicki/Kambrium-BIUZ.pdf
  Ausführlicher Übersichtsartikel zur Kambrischen Explosion.
- Stephen Jay Gould: Zufall Mensch. Das Wunder des Lebens als Spiel der Natur. Hanser, München 1993, ISBN 3446159517.

Goulds Hypothese, dass die Evolution auch ganz anders hätte verlaufen können – und niemals den Menschen erfunden hätte.

- Jean Vannier: Geburt eines modernen Ökosystems. Spektrum der Wissenschaft 4/2006
  Unser Stand des Wissens zu Räuber-Beute-Beziehungen und Nahrungsnetzen im Kambrium.

10

Der König ist tot! Es lebe der König!

Die Menschen waren keineswegs die ersten Herrscher der Erde. Lange vor ihnen hatten die Dinosaurier den Planeten 170 Mio Jahre lang fest im Griff, während sich unsere Vorfahren als spitzmausähnliche Insektenfresser in der finsteren Nacht verstecken mussten. Erst ein himmlisches Armageddon mischte die Karten neu und machte den Weg frei in die Neuzeit der Erde. Glück gehabt!

Wenn Sie sich zum Zeitpunkt des Ereignisses 2000 km vom Zentrum entfernt aufhalten, dauert es sieben Minuten, bis Sie merken, dass etwas nicht stimmt. Dann beginnt die Erde zu beben, Bäume schwanken, Gebäude erzittern, Geschirr hüpft aus den Schränken, Fensterscheiben zerbersten. Sechs Minuten später geht ein Hagel von faustgroßen Gesteinsbrocken auf Sie nieder, zerbeult Autos, pulverisiert Dachziegel und erschlägt Menschen, die vor dem Erdbeben ins Freie geflüchtet sind. Krankenwagen und Feuerwehr rücken aus, müssen aber bald selbst Deckung suchen. Fernsehsender unterbrechen ihre laufenden Programme für Sondersendungen, in denen sie lediglich Bilder zeigen können, die ohnehin jeder vor seiner eigenen Haustür betrachten kann. Noch ahnt niemand, was eigentlich passiert ist. Zwei Stunden später trifft die Druckwelle ein. Schneller als jeder Orkan und stärker als die kräftigsten Tornados wirft sie Bäume um, wirbelt Autos durch die Luft, deckt Dächer ab und stößt Züge von den Gleisen.

Und damit fangen die Schwierigkeiten erst an.

Inzwischen haben Militärs und Wissenschaftler mithilfe ihrer Satelliten festgestellt, dass ein gewaltiger Meteorit mit fast 20 km Durchmesser auf der Erde eingeschlagen ist. Im Umkreis von mehreren hundert Kilometern ist alles Leben auf einen Schlag vernichtet worden. In tausenden Kilometern Entfernung kam es zu Verwüstungen. Aber die wahre Bedrohung geht von der gewaltigen Menge an Staub aus, die beim Einschlag in die Atmosphäre geschleudert wurde. Die feinen Körnchen verteilen sich um den gesamten Globus und schneiden den Erdboden über Monate vom Sonnenlicht ab. Ohne Licht können Pflanzen keine Photosynthese treiben. Sie gehen ein und fallen als Lieferant von Nahrung und Sauerstoff aus. Tiere verhungern, zuerst die Pflanzenfresser, dann die Fleischfresser. Hinzu kommt ein saurer Regen, der die aufgewirbelten Mineralien als Kohlensäure und Schwefelsäure über Wochen aus der Atmosphäre wäscht. Er verseucht die Böden, Flüsse, Seen und Ozeane.

Die Wucht des Aufpralls stört die labilen Gleichgewichte in der Erdkruste. Spannungen zwischen Kontinentalplatten lösen sich und verursachen schwere Erdbeben. Vulkane brechen aus, Magmablasen steigen auf und gelangen großräumig an die Oberfläche. Die Eruptionen dauern viele Jahre an und blasen weiteren Staub und giftige Gase in die Luft.

Das Klima fällt vom einen Extrem ins andere. Solange die Staubdecke den Himmel verdunkelt, ist es unter ihr bitterkalt. Eine scheinbar nicht enden wollende Mischung aus Impaktwinter und vulkanischem Winter. Erst wenn es schließlich doch aufklart, wird es wieder wärmer. Und wärmer. Und noch wärmer. Die Unmengen an Treibhausgasen aus den Vulkanen heizen die Erde gnadenlos auf. Wo eben noch Gletscher waren, verdunsten jetzt ganze Meere.

Nur wenige Menschen, die ausreichend weit entfernt vom Einschlagsort waren, sich rechtzeitig in Sicherheit bringen konnten und Zugriff auf Vorräte für mehrere Jahre haben, könnten solch eine Katastrophe überleben. Für die meisten Tier- und Pflanzenarten wäre es das Ende. Innerhalb kurzer Zeit würde mehr als die Hälfte aller Spezies für immer von der Erde verschwinden.

Was für ein Glück für den Menschen, dass derartige Katastrophen in der Erdgeschichte keine Seltenheit sind.

Fünfmal Weltuntergang

Meteoriten, Eruptionen von riesigen Vulkanfeldern, plötzliche Klimaveränderungen, giftige Gase aus dem Erdinneren oder von ahnungslosen Organismen selbst produziert und vielleicht auch heftige Strahlung aus dem Weltall, wenn in der Nähe der Sonne ein Stern explodiert … In der Geschichte der Erde hat es niemals an Gelegenheiten gemangelt, dem Leben vom einen Moment auf den anderen die Grundlage zu entziehen. Immer wieder stellen Paläontologen fest, dass Fossilien von Arten, die über Jahrmillionen hinweg einen Lebensraum geprägt haben, innerhalb von Zentimetern aus dem Gestein verschwinden. Während sie in einer Schicht noch dominiert haben, kommen sie in der nächsten nicht mehr vor. Ausgestorben. Im Handumdrehen. Die Schnitte sind in der Regel so scharf, dass die

Wissenschaftler sie als Grenzmarken zwischen den verschiedenen Erdzeitaltern nutzen. Wenn Trilobiten, Ammoniten oder Dinosaurier in einem geologischen Augenblinzeln von der Erde verschwinden, ist dies nur ein Indikator für grundlegende Umwälzungen, die auf dem Planeten stattgefunden haben. Nichts war danach mehr wie vorher.

Von den vielen Richtungswechseln fallen fünf besonders auf. Diese „Big Five" waren so radikal, dass über die Hälfte der Tiergruppen den Umschwung nicht mitmachen konnte und ausgestorben ist (siehe Abb. 10.1). So traf es vor 444 Mio. Jahren am Ende des Ordoviziums die Nautiloideen, die aussahen wie Tintenfische in Schneckengehäusen, sowie viele Gruppen der Trilobiten und muschelähnlichen Brachiopoden. Etwa 80 Mio. Jahre später endete das Devon, als die riffbildenden Tiere wie Korallen verschwanden und 50 % aller Tiergruppen mit ins Verderben rissen, darunter die Panzerfische, die bis dahin die Meere beherrscht hatten.

Den größten Aderlass musste das Leben aber am Übergang vom Perm zum Trias vor etwa 252 Mio. Jahren erdulden. 95 % aller Tierarten in den Meeren und drei Viertel aller landbewohnenden Gruppen starben damals aus. Sogar die Insekten, denen selbst drastische Veränderungen der Lebensumstände kaum etwas anhaben konnten, verloren ein Drittel ihrer Arten. Die Erde wurde innerhalb weniger Millionen Jahre beinahe entvölkert. Und bis heute wissen wir nicht sicher, warum dies geschah.

Die meisten Wissenschaftler nehmen an, dass der Tod in drei Phasen kam. Zuvor hatten sich die einzelnen Kontinente während des Perms zum Superkontinent Pangaea vereinigt und dadurch die Fläche der seichten Meeresabschnit-

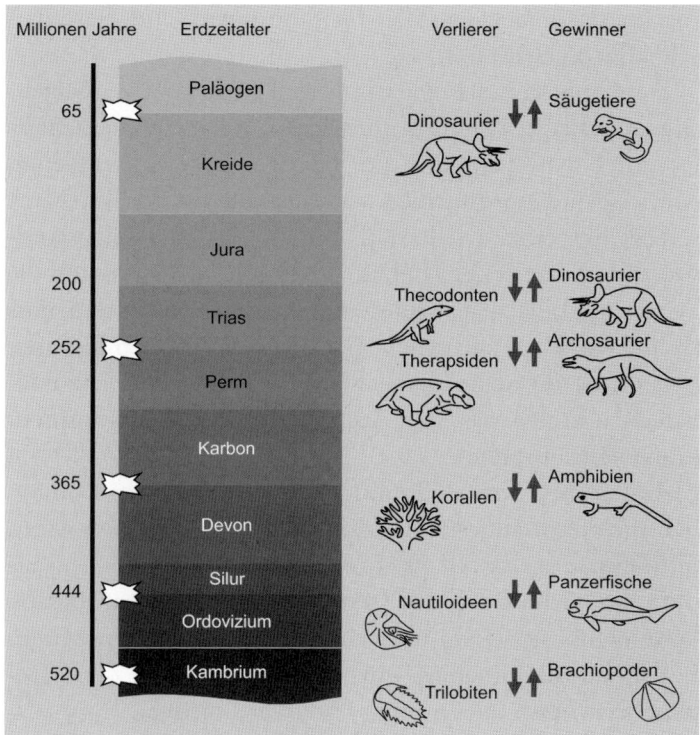

Abb. 10.1   Die fünf großen Massenaussterben. Neben den „Big Five" gab es zahlreiche mittlere und kleine Aussterbeereignisse wie etwa am Übergang von Trias zu Jura, als die Vorfahren sowie die Konkurrenten der Dinosaurier von der Erde verschwanden. (© Olaf Fritsche)

te deutlich verringert. Auch für Landlebewesen brachte die Fusion Nachteile mit sich, da sich Pangaea mehr von Nord nach Süd erstreckte und in Ost-West-Richtung relativ wenig Platz für Wanderungen oder zum Ausweichen in Notfällen bot. Für sich alleine genommen löste diese Kontinentalverschiebung zwar kein Massensterben aus, aber sie machte das Leben sensibler für Störungen. Und die traten schließlich geballt auf.

Den Anfang machten womöglich ein oder zwei Meteoriteneinschläge. Die passenden Krater haben Wissenschaftler unter dem Eispanzer der heutigen Antarktis und am Meeresgrund nordwestlich vor Australien entdeckt. Nach seinem Krater zu urteilen soll der antarktische Wilkesland-Meteorit ganze 50 km Durchmesser gehabt haben, und die Wucht des Einschlags könnte so gewaltig gewesen sein, dass sie im östlichen indischen Ozean einen Graben riss, der sich durch die tektonische Platte fortsetzte und letztendlich dazu führte, dass sich Australien später vom Kontinent Gondwana abspaltete.

Angestoßen vom Aufprall der Meteoriten oder womöglich auch ohne äußeren Anlass fraß sich eine Plume genannte Magmablase durch die Erdkruste unter Sibirien, bis sie die Oberfläche erreichte. Innerhalb der nächsten 600 000 Jahre ergoss sich Lava über eine Fläche von sieben Millionen Quadratkilometern – beinahe das Doppelte der Europäischen Union. Noch heute misst das sibirische Trapp, das damals entstanden ist, mit zwei Millionen Quadratkilometern etwa so viel wie ganz Westeuropa ohne Skandinavien. Bis zu drei Kilometer in die Tiefe reicht die Schicht der ehemaligen Lava. Die giftigen Gase wie Chlorwasserstoff – chemisch nichts anderes als gasförmige Salzsäure – töteten die Landtiere im weiten Umkreis, und das Kohlendioxid trieb die Temperatur um fünf Grad Celsius in die Höhe.

Während diese erste Phase der Katastrophe hauptsächlich das Leben an Land betraf, wurde die zweite Phase vor allem den Arten im Meer zum Verhängnis. Zunächst konnte der Ozean mit seinem großen Wasserkörper den Temperaturanstieg noch verteilen und auffangen. Doch als die Atmosphäre gar nicht mehr abkühlen wollte, wurde es auch im Wasser wärmer. Anstelle der üblichen 21 °C erreichte es am Äquator erst 36 Grad und dann, nach einer kurzen Verschnaufpause, schließlich 38 bis 40 Grad. Die Tiere des Meeres starben in Massen. Aber nicht nur die Biologie geriet aus dem Gleichgewicht, auch die Physikochemie der Tiefsee änderte sich. Methangas, das bei den niedrigen Temperaturen und dem hohen Druck der Tiefe in einen Käfig aus Wassereis als Methanhydrat sicher am Grund lagerte, stieg nun auf und sprudelte an die Oberfläche. Der neuerliche Schub an Treibhausgas heizte die Atmosphäre noch weiter auf. Die dritte Phase des Massensterbens wütete wieder an Land.

Die Karten neu gemischt

So mörderisch das Massenaussterben am Ende des Perms auch gewesen ist, es gab dennoch eine Tiergruppe, die von dem natürlichen Massaker profitierte: die Vorfahren der Dinosaurier. Während des Perm dominierten noch die Therapsiden das Land – ein Zweig der Reptilien, aus dem später einmal die Säugetiere hervorgehen sollten. Doch mit den Ereignissen am Übergang zum Trias kamen sie gar nicht zurecht. Bis auf zwei Gruppen verschwanden alle Therapsiden.

Das verschaffte den Archosauriern, von denen die Dinosaurier abstammten, eine Gelegenheit, sich in den Vordergrund zu schieben. Irgendwie gelang es ihnen, sich schneller an die veränderten klimatischen Bedingungen im

Trias anzupassen. Kaum bildete sich eine neue ökologische Nische, gab es auch schon einen Archosaurier, der sich in ihr einnistete. Den Therapsiden blieb dagegen nichts anderes übrig, als gewissermaßen in den Untergrund zu gehen. Sie entwickelten sich zu kleinen, nachtaktiven Insektenfressern, die darauf warten mussten, dass ihnen das Schicksal irgendwann eine zweite Chance zuspielte.

Für die Dinosaurier aber begann ihre große Blütezeit. Vor etwa 245 Mio. Jahren, also schon bald nach dem verheerenden Massenaussterben, spalteten sie sich von den anderen Archosauriern ab. Ihre frühesten Vertreter waren nur etwa hundegroß und liefen auf den Hinterbeinen. Doch die Dinos waren flink und flexibel. Sobald eine der übrigen Archosauriergruppen aus dem ein oder anderen Grund ausstarb, traten sie umgehend deren Erbe an und eroberten so schrittweise alle Lebensräume. Vor allem konnten sie das nächste Massenaussterben vor 200 Mio. Jahren am Übergang vom Trias zum Jura für sich nutzen. Obwohl dabei auch viele Arten von Dinosauriern zugrunde gingen, überstanden sie den erneuten Klimaumschwung, der vermutlich wieder auf eine Phase lang andauernder vulkanischer Aktivität zurückgeht, weitaus besser als die Konkurrenz. Der Weg war frei zu tonnenschweren Dinos wie *Brachiosaurus*, meterlangen Riesen wie *Diplodocus* und dem Liebling aller Kinder, dem *Tyrannosaurus rex*. Neben den bekannten Giganten gab es aber durchaus auch kleinere Formen wie den fleischfressenden *Microraptor*, der zudem gefiedert war und deshalb an ein bissiges Huhn erinnert haben dürfte.

In Verlauf der nächsten Jahrmillionen wandelten sich die Dinosaurier zu immer raffinierteren und leistungsfähigeren Herrschern. Sie lernten, ihre Nahrung zu kauen und auf diese Weise Pflanzen zu zermahlen, die sie zuvor nicht verdauen konnten. Manche Dinos waren sehr sozial und lebten in Herden von bis zu 10 000 oder mehr Tieren. Sie beschützten ihre Eier und brüteten sie vielleicht sogar aus. Einige Arten hatten so große Gelege, dass sie womöglich zu mehreren Individuen gehörten und wie bei den heutigen Straußen von einem erwachsenen „Kindergärtner" betreut wurden. Auch physiologisch waren die Dinosaurier im Vergleich zu heutigen Reptilien überaus modern. Zumindest die kleineren Arten brauchten wohl nicht darauf zu warten, dass die Sonne sie aufwärmte, sondern sie regulierten mit ihrem aktiven Stoffwechsel ihre Körpertemperatur selbst. Erstaunlich viele von ihnen hatten zu diesem Zweck ein Federkleid, das obendrein in eindrucksvollen Farben gehalten war, was sicherlich dem anderen Geschlecht nicht entgangen sein dürfte.

Statt tumber und träger Echsen, wie wir sie uns lange Zeit vorgestellt haben, waren die Dinos also in Wahrheit quietschbunte, quirlige Typen mit großem Freundeskreis und stets auf dem neuesten Stand der Evolution. Die Welt gehörte zu Recht ihnen. Denn wer sollte es schon mit ihnen aufnehmen können?

Auf Lauerstellung im Hintergrund

Die frühen Säugetiere waren jedenfalls keine Gefahr für die Dinos. Sie mussten sich mit dem begnügen, woran die Echsen nicht interessiert waren: mit einem Leben in der dunklen und kalten Nacht. Um nicht an Unterkühlung zu sterben, entwickelten sie einen Stoffwechsel, der den Körper mit innerer Wärme versorgte, und isolierten sich nach außen mit Fettschichten und einem dichten Fellkleid. Weil die Insekten, von denen sich die meisten Arten ernährten, in der Dunkelheit praktisch nicht zu sehen waren, setzten die Tiere stärker auf andere Sinne. Zum einen verbesserten sie ihren Geruchssinn, und zum anderen formte sich das Mittelohr heraus, das mit den drei Gehörknöchelchen wie ein Verstärker auch leise Geräusche hörbar machte. Die zusätzlichen Informationen mussten natürlich verarbeitet werden, und so wuchs auch das Gehirn zu außergewöhnlicher Größe heran. Das Gehirn war allerdings schon immer ein ausgesprochen hungriges Organ. Daher war es notwendig, möglichst viele nahrhafte Insekten zu fangen, was besonders jenen Jägern gut gelang, die ein Gebiss mit gut ausgebildeten Zähnen hatten, um ihre Beute sicher festzuhalten und aufzuknacken.

Als Paläontologen 1985 in China den Schädel des ältesten bekannten Säugetieres fanden, hielten sie es anfangs für einen Splitter von einem größeren Skelett. Erst bei der aufwändigen Präparation stellten sie fest, dass die 12 mm kleine Knochenansammlung etwas Besonderes war. Obwohl *Hadrocodium wui*, wie sie die Art nannten, lediglich so lang wie eine Büroklammer war, zeigte es doch bereits vor 195 Mio. Jahren die meisten dieser typischen Säugermerkmale und sah in etwa so aus wie eine heutige Spitzmaus.

Ob *Hadrocodium* seine Jungen schon säugte, konnten die Wissenschaftler anhand des Schädels jedoch nicht sagen. Höchstwahrscheinlich legte er Eier, so wie die Kloakentiere, zu denen heute noch das Schnabeltier und der Ameisenigel gehören. Womöglich diente die milchige Flüssigkeit ursprünglich dazu, die Eier feuchtzuhalten und mit einer klebrigen Schicht gegen Austrocknung zu schützen. Für diese Annahme spricht, dass Kloakentiere keine Zitzen, sondern behaarte Milchfelder besitzen.

Auf Dauer begnügten sich die Säugetiere aber nicht mit ihrem duckmäuserischen Dasein als mausartige Insektenfresser. Vorsichtig wagten sie sich in Bereiche vor, in denen die Saurier das Sagen hatten. *Casterocauda* war beispielsweise etwa so groß wie ein Biber und stellte im Wasser den Fischen nach. Und *Volaticotherium* schwebte als Gleiter mit Flughäuten zwischen den Vorder- und Hinterbeinen sogar tagsüber von den Bäumen. Am rebellischsten aber verhielt sich *Repenomamus*. Der dachsähnliche Säuger wurde bis zu einem Meter lang und zwölf Kilogramm schwer – und er machte Jagd auf kleine Dinosaurier.

Insgesamt waren dies jedoch nur kleine Nadelstiche gegen die unangefochtenen Könige des Erdmittelalters. Alle Anzeichen deuteten darauf hin, dass die Dinosaurier die Erde für immer beherrschen würden. Die Säugetiere müssten schon unverschämtes Glück haben, um ihnen die Krone tatsächlich wieder streitig machen zu können.

Ein Ende mit Schrecken

Der Untergang der Dinosaurier begann ironischerweise wie ihr Aufstieg. Gegenwärtig streiten die Wissenschaftler noch darüber, ob der Meteorit, der vor 65 Mio. Jahren im Golf von Mexiko niedergegangen ist und den 170 km großen Chicxulub-Krater geschlagen hat, tatsächlich für deren Aussterben verantwortlich ist oder ob es nicht doch der gewaltige Ausbruch des Dekkan-Trapp-Vulkanfeldes in Indien war, der mit seinen Giftgasen und dem anschließenden vulkanischen Winter die Entscheidung gebracht hat. Vielleicht waren auch beide zusammen nötig, um die katastrophenerprobten Echsen auszulöschen. Fest steht, dass es wohl ein Armageddon gab, wie wir es uns zu Beginn dieses Kapitels ausgemalt haben, und dass am Ende des fünften großen Massenaussterbens mit Ausnahme der Vögel alle Dinosaurier verschwunden waren.

Die Gewinner waren dieses Mal die Säugetiere. Vielleicht waren sie durch ihre nächtliche Lebensweise besser an die dunklen Jahre und die niedrigen Temperaturen unter der Staubglocke angepasst, vielleicht reichte den vergleichsweise kleinen Arten das geringe Nahrungsangebot zum Überleben aus, vielleicht hatten sie auch weniger Probleme damit, die bedecktsamigen Pflanzen zu verdauen, die sich am Ende des Katastrophenwinters ausbreiteten. Jedenfalls machten sie in der nun beginnenden Erdneuzeit nach, was ihnen die Archosaurier einst vorgemacht hatten: Sie besetzten alle sich öffnenden ökologischen Nischen. Der König ist tot! – Es lebe der König! Die Welt gehörte ab sofort den pelzigen Warmblütern.

Und sie nutzten die Gelegenheit für eine sprunghafte Entwicklung in alle Richtungen. Im Verlauf des Paläogens wurden die Säugetiere größer und spalteten sich in verschiedene Arten auf, die sich an die unterschiedlichsten Lebensräume anpassten. Von der Spitzmaus, die noch immer so klein ist wie ihr entfernter Verwandter *Hadrocodium*, bis zum Blauwal, der größer und schwerer ist als jeder Dinosaurier je war, vom Koala, der fast nie trinkt, sondern seinen Wasserbedarf vor allem durch Eukalyptusblätter deckt, bis zum Amazonasdelfin, der sein gesamtes Leben im Süßwasser verbringt, und vom Seeleopard, der in den eisigen Gewässern der Antarktis jagt, bis zum Kitfuchs, der sich im über 50 Grad heißen Death Valley wohlfühlt – Säugetiere kamen überall und unter allen Bedingungen zurecht.

Als besonders erfolgreich sollte sich eine Gruppe erweisen, die bald erste Formen annahm: Die Hominiden sahen zu Beginn ihrer Entwicklung eher nach einer Familie aus, die zu viel Wert auf nutzlosen Intellekt legte, um sich lange in einer weiterhin gefahrvollen Umwelt halten zu können. Doch ein paar weitere Glücksfälle sollten eine ihrer Arten tatsächlich zur bestimmenden Spezies auf dem gesamten Planeten machen.

Sporadische Beinahe-Kollisionen

Auch wenn das letzte der großen Massenaussterben inzwischen 65 Mio. Jahre zurückliegt, heißt dies nicht, dass dem Leben auf der Erde für die Zukunft keine Katastrophen von ähnlichen Ausmaßen mehr drohen. Der Einschlag des Kometen Shoemaker-Levy 9, den wir in Kap. 5 ausführlich besprochen haben, hat gezeigt, dass noch immer zahlreiche Brocken aus Gestein und Eis im Sonnensystem unterwegs sind, die jederzeit unvermittelt auftauchen und mit einem der Planeten kollidieren können. Auch die Erde kann – trotz ihrer Beschützer Jupiter und Mond – durchaus solch einem Irrläufer im Weg stehen.

Die US-amerikanische Weltraumbehörde NASA sucht daher seit 1998 mit verschiedenen Teleskopen und Radaranlagen nach sogenannten erdnahen Objekten (Near-Earth Objects), deren Bahn sich eventuell mit der Erdbahn kreuzen könnte. Fast 1000 größere und etwa 7000 kleinere Meteoride, Asteroide und Kometen hat sie seitdem vermessen. Die meisten von ihnen haben sich dabei als harmlos erwiesen, doch einige sind der Erde bereits unangenehm nahegekommen. Am dichtesten war bislang der Meteorid 2004 FU$_{162}$, der am 31. März 2004 in 6500 km vorbeigezogen ist. Da sein Durchmesser lediglich sechs Meter beträgt, wäre er allerdings auch bei einem Volltreffer keine Gefahr gewesen, sondern wahrscheinlich schon in der Atmosphäre als Sternschnuppe verglüht. Deutlich anders könnte es am 13. April 2029 aussehen, wenn der Asteroid (99942) Apophis auf die Erde zuhält. Sein Durchmesser beträgt mehr als 300 m, und bei einem Einschlag würde so viel Energie freigesetzt wie bei der Detonation von 70 000 Hiroshima-Bomben. Doch die aktuellen Berechnungen seiner Bahndaten sprechen dafür, dass er die Erde sowohl im Jahr 2029 als auch bei allen weiteren Begegnungen innerhalb des 21. Jahrhunderts knapp verfehlen wird.

Beim Asteroiden (29075) 1950 DA ist sich die NASA dagegen nicht so sicher. Für ihn errechnet sie eine Kollisionswahrscheinlichkeit von 0,33 % für den 16. März 2880. Mit seinem Durchmesser von 1,1 km könnte er im Falle eines Treffers tatsächlich ein globales Artensterben auslösen – falls die Menschheit bis dahin noch ausreichend viele Arten dafür übrig gelassen und nicht gelernt hat, wie sie anfliegende Asteroiden umlenken kann.

„Ich sage euch: Der trifft nicht!" (Die ersten berühmten letzten Worte) (© Salome Hunziker)

Glücksfall Nummer zehn: Die Konkurrenz ist weg

Ob ein Meteoriteneinschlag oder ein Vulkanausbruch eine
Katastrophe oder ein Glücksfall ist, hängt also immer von
der Sichtweise ab. Mit Sicherheit bringen derartige Ereignisse neuen Schwung in die träge gewordene Entwicklung
des Lebens. Und sie eröffnen kleinen biologischen Start-
ups, die sonst auf ewig im Schatten der etablierten Großen
stehen würden, die Chance zu zeigen, was in ihnen steckt.
Insofern haben wir gleich mehrfach Glück gehabt, dass uns
ab und zu der Himmel auf den Kopf gefallen ist – und die
lästige Konkurrenz aus dem Weg geräumt hat.

Wo Sie mehr erfahren

- Kathleen Bada et al.: *Lexikon der Dinosaurier und anderer Tiere der Urzeit.* Dorling Kindersley (2011)
  Ein Bilderbuch mit vielen Informationen, das auch für Erwachsene interessant ist.
- Niles Eldredge: *Wendezeiten des Lebens.* Spektrum der Wissenschaft Verlagsgesellschaft (1994)
  Eine Zusammenstellung der Katastrophen, die das Leben auf der Erde vorangebracht haben.
- Darren Naish: *Die faszinierende Entdeckung der Dinosaurier.* Theiss Verlag (2010)
  Vom Fund der ersten Knochen bis hin zu den aktuellen Entdeckung an chinesischen Fundstellen.
- Timothy Rowe: *Hadrocodium wui* – Early Jurassic Mammaliaform
  online: http://www.digimorph.org/specimens/Hadrocodium_wui/
  Dreidimensionale CT-Scans vom Schädel des frühesten Säugetieres.

11

Kopf hoch!

Was man nicht im Kopf hat, sollte man in den Beinen haben! Am besten ist es aber, an beiden Enden fit zu sein. Und so unterscheiden zwei Eigenschaften den Menschen vom Menschenaffen: der aufrechte Gang und ein ungewöhnlich großes Gehirn. Dass beide nicht unbedingt zusammen auftreten müssen, haben Paläoanthropologen anhand neuer Fossilenfunde herausgefunden. Demnach wurde der Mensch erst Mensch, als sich auch sein Bauch einschaltete. Sonst würden wir wohlmöglich heute noch auf Bäumen schlafen. Glück gehabt!

Niemals zuvor war jemand mit dem Auto hierhergekommen. Die Gegend gleicht einer Mondlandschaft: trocken, steinig und zerklüftet. Nur ab und an lockert ein verdorrter Busch das Bild auf. So sieht das Paradies für Paläoanthropologen aus – jener Wissenschaftler, die auf der Suche nach der Wiege der Menschheit sind. Nach heutigem Erkenntnisstand befand diese sich in Afrika. Und im heutigen Nordosten Äthiopiens liegen ihre Überbleibsel verstreut.

Zeresenay Alemseged war wegen dieser Reste zurückgekehrt. Der Äthiopier gehört zu einer neuen Generation afrikanischer Forscher, die es selbst in die Hand nehmen, die wissenschaftlichen Schätze ihrer Heimat zu suchen und zu erforschen. Nach seinem Bachelor in Geologie an der Addis Abeba University hatte er einen Masterstudiengang im französischen Montpellier absolviert und dort 1998 in Paläoanthropologie promoviert. Schon ein Jahr später war es ihm gelungen, ausreichend Mittel für seine Idee des Dikika Research Projects zu organisieren, das als multinationaler Verbund herausfinden will, wie der Mensch zum Menschen geworden ist.

In der Nähe des Flusses Awash, 500 km von der Hauptstadt Addis Abeba entfernt, hoffte Zeresenay auf Antworten. Die Fahrt war anstrengend gewesen. Für die ersten 470 km hatte er sieben Stunden gebraucht und anschließend noch einmal vier Stunden für die letzten 30 km abseits der Straßen. Dann waren er und sein Team angekommen: der junge Wissenschaftler, seine einheimischen Helfer und die Soldaten, die in diesem zeitweise unruhigen Teil des Landes für Schutz sorgen sollten.

So weit das Auge reichte, gab es nichts als Staub und Steine. Wo sollten sie anfangen zu suchen?

Ein Gesicht im Stein

Wem die unbarmherzige Sonne nichts ausmacht, der hat es nicht schwer, in Dikika fossile Knochen zu finden. Von Elefanten, von Antilopen, von Nashörnern, von Schweinen, sogar von Nilpferden. Und dann wieder von Elefanten. Der Wind legt sie frei und schmirgelt wie ein Sandstrahlgebläse die Sedimentschichten weg, in denen sie eine halbe Ewigkeit eingebettet waren. Doch Zeresenay stand der Sinn nicht nach Tierknochen. Er wollte Zeugnisse von Vormenschen finden, wie sie seit den 1970er Jahren im nahegelegenen Hadar entdeckt worden waren. Das berühmteste unter ihnen – Lucy – war zu einer Art Ikone der Paläoanthropologie geworden. Aber ein Skelett wie Lucy war ein Jahrhundertfund. Es gehörte schon eine riesige Portion Glück dazu, solch einen Treffer zu landen. Glück, das Zeresenay anscheinend nicht hatte. „Entweder weißt du nicht, wonach du suchst, oder du suchst an der falschen Stelle!", bemerkte einer seiner Helfer am Ende eines langen Tages, an dem sie wieder nur Tiergebeine ausgegraben hatten.

Aber Zeresenay wusste genau, wovon er träumte. Und er wusste, dass die Gegend nicht immer wüst und leer gewesen war. Vor einigen Millionen Jahren erstreckte sich hier eine abwechslungsreiche Landschaft mit Grasebenen, Galeriewäldern entlang des Flusslaufes und einem großen See. Der beste Beweis dafür waren die vielen Tierknochen. Und wo es einst Tiere in großer Zahl gegeben hatte, da müssen auch Vormenschen gelebt haben. Es war der richtige Ort. Und es war nur eine Frage der Zeit, wann sie die ersten Skelettteile finden würden.

Am 10. Dezember 2000 war es soweit. Irgendwann im Laufe des Nachmittags machte einer seiner Helfer Zeresenay auf einen gewölbten Stein aufmerksam. Er ging näher heran, um ihn sich genauer anzusehen – und hatte das Gefühl, selbst betrachtet zu werden. Vor ihm im Boden steckte ein Gesicht, das in seine Richtung schaute. Es war winzig, nicht größer als seine Handfläche, und es saß fest in einem melonengroßen Sandsteinblock. Trotzdem erkannte der Paläoanthropologe sofort, worum es sich bei diesem Fund handelte: Vor ihm lagen die Überreste eines Vormenschenkindes.

Das erste Kind

Die Bergung des Kinderskeletts, das den offiziellen Namen DIK1-1 erhielt, war der Beginn einer fünf Jahre dauernden Suche nach weiteren Skelettteilen. Wenn Zeresenay gerade nicht selbst an der Fundstelle mit Handfeger und Sieb im Sand wühlte, war er am Leipziger Max-Planck-Institut für evolutionäre Anthropologie damit beschäftigt, die Knochen mit Zahnarztinstrumenten unter der Stereolupe Sandkorn für Sandkorn vom zementharten Sediment zu befreien. Je weiter er dabei voranschritt, desto deutlicher wurde, dass dem Team ein Sensationsfund gelungen war. DIK1-1 war das am besten erhaltene Vormenschenskelett, das jemals entdeckt worden war. Es war zu 60 % vollständig, und die Knochen befanden sich zum größten Teil in einer natürlichen Position zueinander, weshalb sie eindeutig zum selben Individuum gehörten und sich sehr leicht zuordnen ließen. Neben den Gesichtsknochen steckten noch die Wirbelsäule, die Schulterblätter, alle Rippen sowie die Schlüsselbeine in dem Sandsteinklumpen. Etwas unterhalb des Hanges fanden die Helfer außerdem Teile von einem Fuß, von Schien- und Wadenbeinen sowie den Oberschenkelknochen. Dazu die Kniescheiben und Fragmente vom Ellenbogen und einen Fingerknochen (siehe Abb. 11.1).

Beim Computertomografie-Scan des Schädels zeigte sich, dass hinter den Milchzähnen bereits die dauerhaften zweiten Zähne in Wartestellung steckten. Darüberhinaus konnte Zeresenay sagen, dass es sich bei DIK1-1 um ein Mädchen handelte, das ungefähr drei Jahre alt gewesen war, als es starb. Der Paläoanthropologe gab ihm den Namen seiner Ehefrau: *Selam*. Auf Amharisch – einer der bedeu-

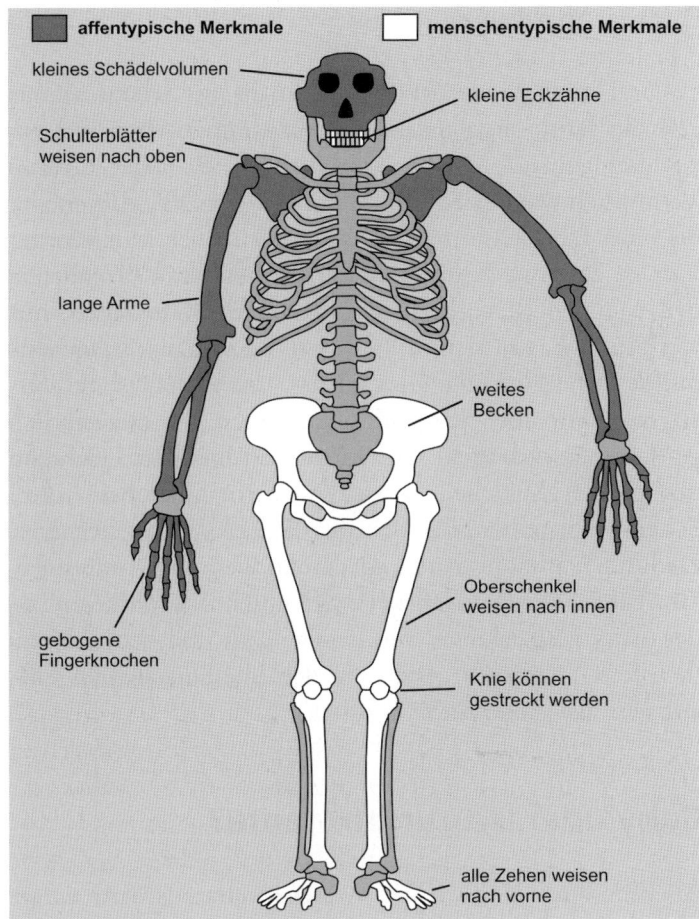

affentypische Merkmale   menschentypische Merkmale

kleines Schädelvolumen

kleine Eckzähne

Schulterblätter
weisen nach oben

lange Arme

weites
Becken

Oberschenkel
weisen nach innen

Knie können
gestreckt werden

gebogene
Fingerknochen

alle Zehen weisen
nach vorne

Abb. 11.1   Das Skelett des Vormenschen *Australopithecus afaren-sis* ist ein Mosaik aus Eigenschaften von Mensch und Menschen-affe. Während der Oberkörper noch weitgehend affentypische Merkmale zeigt (dunkel gefärbte Knochen), ist der Unterkörper schon gut an den aufrechten Gang angepasst und damit eher menschentypisch (weiß gefärbte Knochen). (© Olaf Fritsche)

tenderen Sprachen des ethnisch vielschichtigen Äthiopiens
– bedeutet er so viel wie *Frieden*.

Die Datierung der Bodenschicht, in der Selams Skelett
gesteckt hatte, ergab, dass sich ihr dramatischer Tod vor
ziemlich genau 3,33 Mio. Jahren abgespielt haben musste.
Vermutlich war das Kind in den Fluss gefallen, oder es war
bei einer Überschwemmung ertrunken. Auch in moderner
Zeit ist der Awash mitunter unberechenbar. 1997 blieben
den wenigen Menschen, die an seinen Ufern leben, nur
vier Stunden, um sich in Sicherheit zu bringen, bevor eine
mörderische Flutwelle alles mitriss, was nicht fest verwur-
zelt war. Vor über drei Millionen Jahren gab es sicherlich
gar keine Vorwarnzeit. Und keine Rettung. Der Leichnam
des kleinen Mädchens wurde wahrscheinlich bald unter
Schlamm begraben, der sich im Laufe der Zeit verfestigte.
Dadurch war er geschützt vor Krokodilen und Aasfressern.
Jahr für Jahr legten sich neue Schichten über ihn, und als
der Fluss austrocknete, verklebten Sand und Schlamm zu
dem festen Sedimentgestein, in dem die Forscher das Skelett sehr viel später finden sollten.

Baby oder Urururgroßtante?

Als Zeresenay 2006 in der Wissenschaftszeitschrift *nature*
über seinen Fund berichtete, machte die Entdeckung von
„Lucys Baby" weltweit Schlagzeilen. Treffender wäre es
jedoch gewesen, wenn die Journalisten Selam als Lucys
Urururgroßtante bezeichnet hätten, denn das Skelett des
kleinen Mädchens war gute 150 000 Jahre älter als die Knochenfragmente, die Donald Johanson 1974 gefunden und

katalogisiert hatte, während der Kassettenrekorder den Beatles-Song *Lucy in the Sky with Diamonds* spielte. Dass Selam und Lucy tatsächlich ganz direkt miteinander verwandt waren, ist zwar unwahrscheinlich, aber nicht völlig unmöglich. Beide gehörten sie zu den Australopithecinen – wörtlich übersetzt „Südaffen" – genannten Vormenschen, die zwar noch keine echten Menschen waren, deren Linie sich aber bereits von den Vorfahren der heutigen Menschenaffen getrennt hatte.

Diese Zwischenstellung ist den Skeletten der Australopithecinen deutlich anzusehen. Im Vergleich zum modernen Menschen fällt als erstes auf, dass sie ausgesprochen klein waren. Beim *Australopithecus afarensis* – jener Art, zu der Selam und Lucy gehörten – erreichten die ausgewachsenen Männchen lediglich 1,38 m und die Weibchen 1,15 m, was nicht viel mehr als der Größe eines aufrecht stehenden Schimpansen entspricht. Ihre Arme waren lang, und ihre kräftigen Kletterhände hatten gebogene Finger, mit denen sie leichter Äste umklammern konnten. Auch beim Fingerknochen vom Selams Skelett ist die Krümmung zu erkennen. Außerdem waren die winzigen Schulterblätter des Kindes nach oben ausgerichtet wie bei Menschenaffen, während sie bei Menschen zur Seite weisen. Australopithecinen werden sich also mit den Armen über dem Kopf an Ästen hangelnd bewegt haben. Oder etwa doch nicht?

Die Anatomie des Beckens und der Beine von Lucy sprechen eher dafür, dass die Vormenschen aufrecht auf zwei Beinen gegangen sind. Das Becken ist so geformt, dass es die Eingeweide wie eine Schale trägt. Bei Schimpansen, die häufiger nach vorn gebeugt unterwegs sind, ist das nicht nötig, und der Knochen ist daher schmaler, als wäre er nach oben zusammengefaltet. Obwohl Lucys Oberschenkel außen am Becken ansetzen, weisen sie leicht nach innen. Dadurch fallen die Füße beim Gehen alleine durch die Gravitationskraft unter den Schwerpunkt, sodass es leichter ist, das Gleichgewicht zu halten. An Selams Skelett ist außerdem zu erkennen, dass Oberschenkelknochen und Schienbein auch zusammenpassen, wenn sie ganz gestreckt sind. Menschenaffen drücken ihre nach außen gebogenen Beine dagegen nie ganz durch und haben bei ihren kurzen Versuchen auf zwei Beinen eher die schwankende Gangart von Cowboys nach einem langen Ritt. Schließlich weisen die Zehen an den Füßen alle nach vorne. Im Gegensatz zum Daumen der Hand ist auch die Großzehe nicht abgespreizt und taugt daher nicht mehr zum Greifen und Festhalten.

Eines der besten Argumente dafür, dass sich die Vormenschen auf zwei Beinen fortbewegt haben, ist jedoch südlich von Äthiopien in der Olduvaischlucht in Tansania aufgetaucht. Als sich in den 1970er Jahren die Wissenschaftler an der Laetoli-Fundstelle zur Entspannung gegenseitig mit Elefantendung bewarfen, fielen dem Yale-Professor Andrew Hill beim Ducken Vertiefungen im vulkanischen Tuffstein auf, die sich schnell als eingeprägte Tierspuren herausstellten. Sie waren entstanden, als vor 3,6 Mio. Jahren zahlreiche Antilopen, Elefanten, Nashörner, Affen und Vögel über die vom Regen aufgeweichte Asche des 20 km entfernten Vulkans Sediman spaziert sind. Außer den Tieren haben auch mehrere Australopithecinen diesen Weg genommen, wie die Forscher später feststellten. Nach und nach fanden sie 70 Spuren der Vormenschen – und alle zeigten ausschließlich Fußabdrücke, aber keine Spuren eines Knöchelgangs unter Zuhilfenahme der Arme, wie ihn Schimpansen und Gorillas bevorzugen. *Australopithecus afarensis* wanderte also tatsächlich aufrecht durch die Welt. Wenngleich auch gemächlich, denn aus der Tiefe und dem Profil der Abdrücke konnten Biophysiker errechnen, dass die Geher nicht schneller als mit drei bis vier Kilometern pro Stunde unterwegs waren.

Oben hangelnder Affe, unten schreitender Mensch – die Australopithecinen hatten offensichtlich ihre ganz eigene Methode voranzukommen. Manche legten dabei weitere Strecken zurück als andere. Anhand der Zusammensetzung der genauen Atomsorten, die in den Zähnen zu finden sind, haben Paläoanthropologen festgestellt, dass männliche Australopithecinen trotz ihrer Fähigkeit zum aufrechten Gang kaum herumgekommen sind. In der Regel suchten sie sich ihre Nahrung zeitlebens in einem Umkreis von nicht mehr als fünf Kilometern. Dagegen waren die Weibchen deutlich reiselustiger und entfernten sich viel weiter von dem Ort, an dem sie aufgewachsen waren. Womöglich wechselten sie dabei die Gruppe, in der sie lebten, so wie es in unserer Zeit junge Schimpansenweibchen machen. Auf diese Weise könnten Schwestern, Nichten und Großnichten von Selam allmählich schrittweise nach Norden gewandert und vielleicht die Ahnen von Lucy geworden sein. In diesem Fall wären die beiden berühmtesten Vormenschen wirklich direkt miteinander verwandt – wenn auch anders, als die Presse es gerne gehabt hätte.

Früh auf die Beine gekommen

Auch wenn der aufrechte Gang der Australopithecinen besonders gut belegt ist, waren die Vormenschen nicht die ersten Hominiden, die sich auf zwei Beine aufgerichtet haben.

Nach Ansicht des französischen Paläoanthropologen Michel Brunet hat sich der ausgestorbene Menschenaffe *Sahelanthropus tchadensis* sehr viel früher – vor sechs bis sieben Millionen Jahren – auf die Hinterbeine gestellt. Brunet folgerte das aus einem Schädel, den er 1997 im Norden des westafrikanischen Tschads gefunden hat. Allerdings war der Schädel so stark zersplittert und zerdrückt, dass der Forscher ihn erst nach einem Computertomografie-Scan in mühevoller Puzzlearbeit am Computer rekonstruieren musste, bevor er ihm Informationen über den Bau und die Lebensweise des Affen entlocken konnte. Brunet fiel vor allem die Lage des Hinterhauptlochs an der Unterseite auf. Es handelt sich dabei um die Stelle, an der das Gehirn und das Rückenmark ineinander übergehen. Bei vierfüßigen Tieren liegt es weit hinten am Kopf, während es sich bei Zweibeinern mehr in der Mitte und damit unter dem Schwerpunkt des Schädels befindet. *Sahelanthropus* war demnach besser an eine aufrechte Körperhaltung angepasst. Leider sind bis heute jedoch außer dem Schädel sowie einigen Kieferfragmenten und einzelnen Zähnen keine weiteren Skelettteile aufgetaucht, sodass die Beweislage insgesamt ein wenig dürftig ist und noch nicht einmal endgültig geklärt ist, ob *Sahelanthropus* weiter auf dem menschlichen Evolutionszweig einzuordnen oder vielleicht doch eher ein Vorfahre der Gorillas und Schimpansen war.

Etwas sicherer sind sich die Wissenschaftler bei *Orrorin tugenensis*, von dem man immerhin einige Bruchstücke von Oberschenkelknochen entdeckt hat. Deren Struktur ähnelt schon weitgehend den Knochen von Australopithecinen, weshalb viele Forscher in *Orrorin* einen auf zwei Beinen gehenden Vorläufer der Vormenschen sehen. Falls sie recht haben, wäre der aufrechte Gang damit immerhin wenigstens sechs Millionen Jahre alt.

Allerdings mochte der Affe auf dem Weg zum Menschen noch längst nicht von den Bäumen lassen. Wie die Skelette von Lucy und Selam zeigen auch die 4,4 Mio. Jahre alten Fossilienfunde von *Ardipithecus ramidus* ein Mosaik aus einem Oberkörper, der sich besser für die hangelnde Fortbewegung im Geäst eignete, und einem Unterkörper, der für den aufrechten Gang gebaut war. Im Gegensatz zu den Australopithecinen besaß *Ardipithecus* jedoch am Fuß einen großen Greifzeh. Vielleicht wagte er sich auf der Suche nach Futter weit auf das Grasland hinaus, das sich damals immer mehr ausbreitete und den tropischen Urwald vermutlich bereits zur Hälfte verdrängt hatte. Als Zweibeiner hatte er dann einen besseren Überblick und konnte Gefahren früher erkennen. Außerdem hatte er auf dem Rückweg die Hände frei für jede Menge Früchte. Um sie zu verspeisen, zog er sich aber lieber auf einen Baum zurück. Obwohl er sich hier sicherer fühlte, hatte er sich nicht so gut an eine kletternde Lebensweise angepasst wie beispielsweise die Vorfahren von Schimpansen und Gorillas. Die Affenlinie des evolutionären Stammbaums entwickelte zu diesem Zweck versteifte Handgelenke, die ihnen mehr Halt beim Schwingen verliehen. Auf dem Boden waren die Affen dadurch jedoch zu einem unpraktischen Knöchelgang gezwungen, den weder *Ardipithecus* noch ein anderer Vertreter der Vormenschen praktizierte.

Den Fossilienfunden nach waren die Vorfahren des Menschen somit bereits seit etlichen Millionen Jahren gut zu Fuß und verbrachten immer weniger Zeit auf den Bäumen

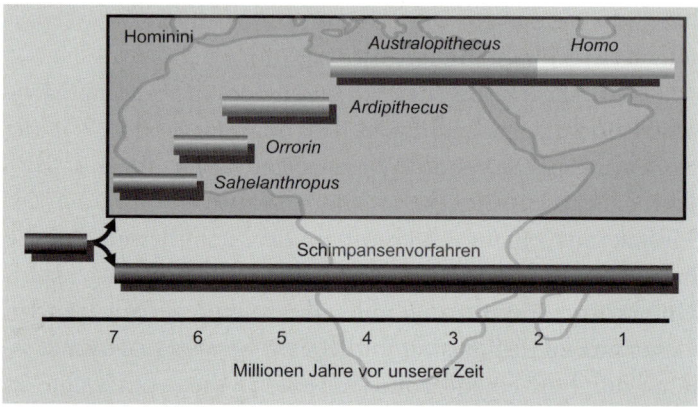

Abb. 11.2 Die Wurzel des Menschen-Stammbaums. Vor rund sieben Millionen Jahren trennte sich die Linie der Hominini, deren einziger lebender Vertreter der Mensch ist, vom Ast, der zu den Schimpansen führte. Eines der frühesten wesentlichen Unterscheidungsmerkmale war der aufrechte Gang. (© Olaf Fritsche)

(siehe Abb. 11.2). Doch obwohl sie sich damit unwiederbringlich von den anderen Menschenaffen getrennt hatten, fehlte ihnen noch lange Zeit ein weiterer wesentlicher Bestandteil zum Menschsein: ein großes Gehirn!

Südaffen auf dem Weg zur Menschlichkeit

In Wirklichkeit kommt es nicht nur auf die Größe an! Zumindest wenn es um das Gehirn geht. Im Durchschnitt hat das Gehirn eines heutigen Menschen ein Volumen von 1300 bis 1400 Kubikzentimetern. Ausgerechnet Albert Einstein brachte es aber nur auf wenig mehr als 1200 Ku-

bikzentimeter, und beim Literaturnobelpreisträger Anato-
le France sollen es sogar lediglich 1000 Kubikzentimeter
gewesen sein. In solchen Fällen hat vermutlich die innere
Struktur für eine effiziente Denkfähigkeit gesorgt, die sogar
so abstruse Theorien wie die über eine gekrümmte Raumzeit hervorzubringen vermochte.

Wenn wir aber wissen wollen, zu welchen geistigen Leistungen unsere Vorfahren wohl fähig waren, bleibt uns als
Anhaltspunkt wenig mehr als das Volumen des Gehirns
oder genauer gesagt: das Innenvolumen des Schädels. Vom
weichen Gehirn selbst ist nach den Millionen Jahren, die
der Körper eines Vormenschen im Gestein auf seine Entdeckung wartete, nicht einmal der kleinste Rest zu finden.

Die Ergebnisse von Schädelmessungen sind in der Regel
wenig schmeichelhaft für unsere Vorfahren. Individuen von
Australopithecus afarensis wie Lucy bringen es gerade einmal
auf rund 430 Kubikzentimeter und damit ungefähr auf den
gleichen Wert wie ein heutiger Schimpanse. Und das, obwohl die Vorläufer der Australopithecinen schon seit zwei
oder drei Millionen Jahren den aufrechten Gang beherrsch-
ten. Offensichtlich trifft die frühere Vermutung, dass sich
beide Eigenschaften – aufrechter Gang und ein großes Gehirn – gemeinsam entwickelt haben, schlichtweg nicht zu.
Waren die Australopithecinen also doch nicht mehr als Affen, die sich auf die Hinterbeine gestellt haben?

Dass es nicht ganz so einfach ist, hat die Untersuchung
des Schädels von Selam gezeigt. Zwar sind die Schädelkno-
chen des Mädchens nicht erhalten, doch bevor die Platten
zerfielen, hatte sich in dem zuvor umschlossenen Hohlraum
ein fester Sandsteinklumpen gebildet, der die innere Struktur des Schädels detailgenau konserviert hat. Als Zeresenay
dessen Volumen vermaß, kam er lediglich auf drei Viertel

des Wertes, den Selam als erwachsener *Australopithecus* erreicht hätte. Ihr Gehirn befand sich demzufolge im Alter von drei Jahren noch mitten im Wachstum. Im Gegensatz dazu hat das Gehirn eines dreijährigen Schimpansen bereits 90 % seiner endgültigen Größe erreicht. Dieser Unterschied passt sehr gut zu genetischen Untersuchungen an modernen Menschen und Menschenaffen. Danach haben sich im Zeitraum vor 3,2 Mio. bis 2,4 Mio. Jahren einige Gene verdoppelt, die dafür zuständig sind, die Reifung des Gehirns zu verlangsamen, wodurch die Nervenzellen mehr Zeit hatten, sich zu organisieren und Verknüpfungen auszuprobieren. Mit anderen Worten: Australopithecinen hatten eine längere Kindheit, und ihr Gehirn nutzte die Zeit um zu lernen.

Mit Poesie und der Relativitätstheorie hätten die Vormenschen deshalb wahrscheinlich trotzdem nicht sonderlich viel anfangen können. Aber cleverer als ihre voraffigen Mitbewohner dürften sie allemal gewesen sein.

Kraftnahrung fürs Gehirn

Die Entwicklung des Gehirns verlief womöglich deshalb eher schleppend, weil ein großes Gehirn unheimlich teuer ist. Obwohl es bei modernen Menschen lediglich zwei Prozent des Körpergewichts ausmacht, verbraucht es rund 20 % der Energie. Für Australopithecinen, die sich hauptsächlich von Früchten und Wurzeln ernährt haben, war das einfach zu viel. Allerdings gelang es ihnen, an manchen Stellen Energie zu sparen und sich an anderen ein wenig dazuzuverdienen, sodass ihnen wenigstens einige kleine Verbesserungen am Gehirn möglich waren.

Das größte Einsparpotenzial hatten sich die Vormenschen mit dem aufrechten Gang erschlossen. Im Vergleich zu Schimpansen benötigten sie auf zwei Beinen nur ein Viertel der Energie, wenn sie über eine Ebene gingen. Und dort wartete ein verlockendes Angebot an nahrhaften Leckerbissen auf unsere Vorfahren, das sie sich auf keinen Fall entgehen lassen wollten: Fleisch. Im Gegensatz zu ihrer vegetarischen Kost war es selbst im rohen Zustand leicht zu verdauen und hatte eine weitaus höhere Energiedichte. Daher standen immer häufiger Insekten, Würmer und Larven auf ihrem Speiseplan. Und Aas. In der zunehmend offeneren Landschaft waren Kadaver viel einfacher auszumachen als im dichten Dschungel, weshalb es mehr Gelegenheiten gab, an Muskelfleisch größerer Tiere heranzukommen. Vor allem, wenn man aufrecht stand und einen guten Überblick hatte.

Manche Wissenschaftler vermuten, dass die Vormenschen schon gelegentlich selbst auf die Jagd gegangen sein könnten. Einige Gruppen von heutigen Schimpansen haben jedenfalls eine regelrechte Jagdtradition entwickelt und fangen mehrmals in der Woche kleinere Säugetiere wie Schweine, Antilopen und Stummelaffen. Im Senegal benutzen sie dabei sogar hölzerne Speere, die sie mit den Zähnen anspitzten, um damit nach Halbaffen in deren Schlafhöhlen zu stechen. Wenn Schimpansen zu solch raffiniertem Verhalten in der Lage sind, gibt es eigentlich keinen Grund anzunehmen, dass die intelligenteren Australopithecinen nicht ebenfalls anderen Tieren nachgestellt und vielleicht sogar einfache Waffen angefertigt haben. Solange diese aus Holz waren, würden wir heute allerdings keine Spuren mehr von ihnen finden, da das organische Material in der Zwischenzeit längst zerfallen wäre.

Doch womöglich hat Zeresenay auch dieses Mal eine sensationelle Entdeckung vorzuweisen.

Auf das Werkzeug kommt es an

Den Fund, der die Vorstellungskraft der Paläoanthropologen auf eine harte Probe stellt, machte Zeresenay, der inzwischen an der California Academy of Sciences in San Francisco arbeitete, 2010 in nur 200 m Entfernung von der Stelle, an der Selam gelegen hatte. Es handelt sich um zwei unscheinbare Knochenfragmente, die von einer kleinen Antilope und einem größeren Säugetier – womöglich einem Büffel – stammten. Beide Tiere waren vor etwa 3,4 Mio. Jahren Jägern zum Opfer gefallen. Ob es sich dabei um Australopithecinen gehandelt hatte oder ob sie doch eher die Beute von Großkatzen geworden waren, lässt sich nicht mehr rekonstruieren. Doch Zeresenay ist sicher, dass die Knochen schließlich in die Hände von Vormenschen gefallen waren.

Dafür sprechen einige geradlinigen Kratzspuren, die genau dort verlaufen, wo man schneiden muss, um den Muskel vom Knochen zu lösen. Die Kerben sind so dünn und präzise, wie nur scharfkantige Steine sie ritzen können. Jeder Wissenschaftler würde in ihnen sofort das Werk von Urzeitmenschen sehen – wenn es denn vor 3,4 Mio. Jahren schon Urzeitmenschen gegeben hätte. Zu Selams und Lucys Zeiten waren jedoch die Australopithecinen die Spitze der evolutiven Entwicklung, und diese Vormenschen konnten nach einhelliger Lehrmeinung noch nicht mit Steinwerkzeugen umgehen. Hinzu kommt, dass Zeresenay zwar die zerkratzten Knochen vorweisen kann – die steinernen Messer hat er hingegen bisher nicht gefunden.

Das ist nach Ansicht des Äthiopiers aber nur eine Frage der Zeit. Da in Dikika wahrlich kein Mangel an Steinen herrscht und bislang niemand nach prähistorischen Werkzeugen gesucht hat, sind diese eventuell einfach immer übersehen worden. Außerdem haben die Australopithecinen vermutlich nicht gezielt scharfkantige Schneidwerkzeuge hergestellt, sondern einfach Steine verwendet, die in der Nähe lagen und sich am besten für den jeweiligen Zweck eigneten. Neben Schneidesteinen auch größere stumpfe Steine, mit denen sie die Knochen zertrümmert haben, um an das Mark zu gelangen. Eine Technik, die Schimpansen ebenfalls anwenden, wenn sie eine harte Nuss aufknacken möchten.

Als wissenschaftlicher Beweis dafür, dass Lucys und Selams Zeitgenossen wirklich schon Werkzeuge benutzt haben, reichen die Schnittspuren, die Vermutungen und Analogien noch nicht aus. Aber sie lassen uns erahnen, dass unsere affenähnlichen Urahnen offenbar einfallsreicher gewesen sind, als wir es uns noch vor wenigen Jahren vorgestellt haben.

Endlich Mensch sein

Vor rund zwei Millionen Jahren war dann endlich alles klar. Über Jahrtausende hinweg war das Klima unbeständig gewesen und hatte mit warmen und kalten Phasen, trockenen und feuchten Perioden den Australopithecinen schwer zugesetzt. Nur Individuen und Gruppen, die in der Lage gewesen sind, sich an die dauernden Wechsel anzupassen, überstanden das zermürbende Auf und Ab. Mit einem immer größeren Gehirn, das auch in schwierigen Situationen eine Lösung fand, und immer geschickteren Händen, die zunehmend exaktere Werkzeuge herstellen konnten, trotzten sie der Natur.

Und wurden zu den ersten echten Frühmenschen. Über *Homo habilis* – den „fähigen Menschen" – und *Homo rudolfensis* – den „Menschen vom Rudolfsee" – ging es zum *Homo erectus* – dem „aufgerichteten Menschen" –, von dem niemand mehr bezweifelt, dass er Steine behauen konnte und auf die Jagd ging, um Wild zu erlegen. Obendrein wusste *Homo erectus*, wie man mit Feuer umgeht, und als erste Menschenart wagte er sich über den afrikanischen Kontinent hinaus. Schädel und Skelettfragmente von ihm sind aus Europa – wo aus ihm der *Homo heidelbergensis* und schließlich der Neandertaler hervorgingen – und aus Asien – wo er zunächst als „Java-Mensch" und „Peking-Mensch" bezeichnet wurde – bekannt.

Oder so ähnlich. Denn über die Einteilung, ab wann eine Variante des Frühmenschen als eigenständige Art anzusehen ist, wo die Grenzen zwischen den einzelnen Varianten verlaufen und welche Form sich aus welcher entwickelt hat, zanken sich Paläoanthropologen traditionellerweise mit Leidenschaft. Besonders förderlich für die Streiterei ist, dass praktisch zu jeder Zeit mehrere Versionen von *Homo* gleichzeitig existierten, häufig sogar nebeneinander im gleichen Lebensraum. Der Mensch hatte anscheinend schon immer die Tendenz, die Dinge zu verkomplizieren, sobald er in Gesellschaft geriet.

Glücksfall Nummer elf: Der Vormensch kam auf die Beine

Der aufrechte Gang und das große Gehirn haben den Menschen so anpassungsfähig gemacht, dass er heute als einzige Spezies in allen Landlebensräumen der Erde – vom ewigen

Eis der Arktis über die Wälder der gemäßigten Breiten und Grasebenen Nordamerikas und Asiens bis zu den Trockenwüsten und tropischen Wäldern um den Äquator – zuhause ist. Er ist dafür ein großes Risiko eingegangen, indem er die sicheren Bäume hinter sich gelassen und auf ein Organ gesetzt hat, das ihn davon abhängig macht, ständig große Mengen energiereicher Nahrung zu sich zu nehmen. Doch das Glück ist dem Menschen auch dieses Mal treu geblieben, und so konnte er sich endlich aufmachen, die Welt zu entdecken und zu erobern.

Aber manchmal, wenn er an einem neuen Ort ankam, war dort schon jemand …

Wo Sie mehr erfahren

Zeresenay Alemseged: *Finding the origins of humanity.* TED (2007)
http://www.ted.com/talks/zeresenay_alemseged_looks_for_humanity_s_roots.html
Vortrag über den Ursprung der Menschheit (englisch).
* Friedemann Schrenk: *Die Frühzeit des Menschen – Der Weg zum Homo sapiens.* C.H.Beck Wissen (2008)
Knappe Darstellung der Menschwerdung und der Schwierigkeiten bei der Interpretation der Fossilienfunde.
* Gerd-Christian Weniger: *Projekt Menschwerdung.* Spektrum Akademischer Verlag (2008).
Ein Streifzug durch die Entwicklung des Menschen und deren Spuren in uns allen.

„Mist! Nur weil ich den aufrechten Gang erfunden habe, muss ich jetzt immer den Müll rausbringen." (© Salome Hunziker)

- Kate Wong: *Ein neuer Urahn?* Spektrum der Wissenschaft 9(2012)
  Bericht über den Fund neuer Australopithecinen-Skelette in Südafrika, die sich nicht in die Linie anderer Fossilien einordnen lassen.
- Kate Wong: *Lucys Baby.* Spektrum der Wissenschaft 2(2007)
  Artikel über das Australopithecus-Kind „Selam".

12
Es kann nur einen geben!

*Kaum war der Mensch so weit, dass er eher Jäger als Beu-
te war, hielt es manchen nicht mehr in seiner afrikanischen
Wiege. Sobald das Wetter es zuließ, machte sich Grüppchen
für Grüppchen auf in die Welt – und ging bald darauf zugrunde. Nur wenige schafften den Sprung nach Europa und
Asien, darunter der Vorfahre des Neandertalers und der Homo
sapiens. Obwohl beide anscheinend friedlich nebeneinander
leben konnten, war auf Dauer nur Platz für eine Menschenart auf der Erde. Den Showdown gewannen unsere Urahnen.
Glück gehabt!*

Vor rund 70 000 Jahren wäre es beinahe vorbei gewesen mit
der Menschheit. Damals irrten nur noch 3000 bis maximal
10 000 verlorene Seelen über den afrikanischen Kontinent,
dem einzigen Erdteil, auf dem es überhaupt Menschen gab.
Den Rest hatte eine gigantische Katastrophe dahingerafft.
Auf der anderen Seite des Globus, auf der indonesischen
Insel Sumatra, war der Supervulkan Toba explodiert. Fast
3000 Kubikkilometer Material hatte er in die Luft geschleudert und tausende Tonnen Staub und Asche in die
Atmosphäre katapultiert. Der Ausbruch war 100-mal heftiger gewesen als der stärkste Vulkanausbruch in der Geschichtsschreibung: die Eruption des indonesischen Mount

Tambora, der im Jahr 1816 in Europa ein „Jahr ohne Sommer" verursachte. Der Toba verdunkelte die Sonne dagegen weit länger als ein paar Monate. Für mindestens drei Jahre, vielleicht aber sogar über fast 1000 Jahre fielen die Durchschnittstemperaturen auf der ganzen Erde in den Keller. Während manche Wissenschaftler vermuten, dass sie um drei bis fünf Grad absackten, ergeben Computersimulationen einen anfänglichen Temperatursturz um volle 18 Grad. Innerhalb von Tagen brach der vulkanische Winter ein, nahm den Pflanzen das Sonnenlicht und dem Leben die Grundlage. Die Toba-Katastrophe brachte neben dem Menschen auch die Vorfahren von Schimpansen, Orang Utans, Gorillas, Geparden und Tigern an den Rand des Aussterbens.

Oder auch nicht.

Alles eine Frage der Interpretation

Obwohl angesichts der Ascheablagerungen in Sedimenten auf der ganzen Welt kein Wissenschaftler am Ausbruch des Tobas zweifelt, glauben viele nicht, dass er wirklich ein globales Armageddon hervorgerufen hat. Denn hätte es ein derartiges Massensterben gegeben, müsste es eine entsprechende Lücke in den Fossilienfunden aus jener Zeit geben. Doch sogar in Indien, das viel dichter am Ort der Explosion liegt als Afrika, haben Paläoanthropologen Anzeichen für eine kontinuierliche Besiedlung durch Frühmenschen ohne tiefen Einschnitt gefunden. Dabei sollte es dort nach der Hypothese vom Beinahe-Untergang gar keine Menschen mehr gegeben haben. Und auch in Afrika, wo das letzte Rückzugsgebiet gelegen haben soll, veränderten sich beispielsweise die Fossilien aus dem Malawisee nicht so, wie die Forscher es bei einer Katastrophe dieses Ausmaßes erwarten würden, ja, die Wissenschaftler finden nicht einmal Hinweise auf eine nennenswerte Abkühlung. Daher gehen viele davon aus, dass der Toba vor allem grobes und schwereres Material ausgespuckt hat und weniger Feinstaubteilchen oder Klimagase wie etwa Schwefelverbindungen. Ihrer Ansicht nach hätte es genügend andere mögliche Gründe für den Rückgang der Menschenpopulation gegeben. So könnte eine normale Kaltzeit die Bevölkerung dezimiert haben. Oder die vielen verschiedenen *Homo*-Arten, die es damals gab, haben heftiger, als wir es uns heute vorstellen, miteinander konkurriert und sich etwa bei der Jagd gegenseitig die Beute streitig gemacht, sodass die weniger geschickten Jäger zu häufig leer ausgegangen sind.

Womöglich sind aber auch all diese Erklärungsversuche eigentlich überflüssig. Die Hypothese vom engen Flaschenhals, wonach die Menschheit plötzlich auf ein kleines Grüppchen zusammengeschrumpft war, stützt sich nämlich vor allem auf genetische Untersuchungen an heutigen Menschen und deren Interpretation. Für eine Art, die rund 2 Mio Jahre alt sein soll, mangelt es dem modernen Menschen eindeutig an genetischer Vielfalt. Ob jemand aus Luxemburg oder Japan stammt, in der Sahara oder im Norden Kanadas wohnt – die DNA verschiedener Individuen ist stets nahezu identisch. Beim Menschen stimmen 99,9 % der Informationen exakt überein, viel mehr als beispielsweise innerhalb der Schimpansen. Diese geringen Abweichungen haben Genetiker auf den Gedanken gebracht, dass weltweit alle Menschen von einer kleinen Gruppe mit

annähernd gleicher Erbinformation abstammen müssen –
sozusagen einem Kollektiv von Adams und Evas. Indem sie
spezielle DNA-Stücke verglichen haben, die nur mütterlicherseits vererbt (sogenannte mtDNA) oder ausschließlich vom Vater an den Sohn weitergegeben werden (das
Y-Chromosom), kamen sie zu dem Schluss, dass unsere gemeinsame Urelternkommune vor ungefähr 70 000 Jahren
gelebt haben muss und nicht mehr als ein paar tausend Individuen umfasst haben dürfte.

Die Rechnung geht allerdings nur auf, wenn eine Reihe
besonderer Bedingungen erfüllt ist. So kommt es beispielsweise darauf an, dass die molekulare Uhr einigermaßen
gleichmäßig tickt. Die Aufgabe des Zeigers übernehmen
dabei Veränderungen in der DNA-Sequenz. Zwar treten
solche Mutationen zufällig auf, aber über einen längeren
Zeitraum von Jahrtausenden sollte ihre Häufigkeit in etwa
konstant sein. Für mtDNA bewegt sie sich in der Größen-
ordnung von einem Prozent in einer Million Jahren. Liegt
der Unterschied in den mtDNA-Sequenzen zweier Menschen bei 0,5 %, hätten die beiden demnach zuletzt vor
500 000 Jahren eine gemeinsame Vorfahrin gehabt. Allzu
sicher sind solche Zeitangaben allerdings nicht, denn die
Mutationsrate der DNA ist nicht für alle Abschnitte gleich.
Manche Bereiche verändern sich schneller als andere, und
die Größe der Population sowie das Alter, in dem sich die
jeweilige Art für gewöhnlich fortpflanzt, wirken sich ebenso aus wie der gerade aktuelle Anpassungsdruck, den die
Umwelt ausübt. Es ist daher nicht ungewöhnlich, wenn das
Ergebnis der molekularen Uhr um die Hälfte höher oder
niedriger liegt als das tatsächliche gesuchte Alter eines Ereignisses. Das vermeintliche Beinahe-Aussterben des Men-

schen könnte deshalb durchaus einige Zigtausende Jahre früher oder später stattgefunden haben.

Falls die Menschheit überhaupt jemals in Gefahr gewesen sein sollte. Die Populationsgrößen, die sich aus den Formeln der Archäogenetik ergeben, sagen nämlich nicht aus, wie viele Menschen zu einem bestimmten Zeitpunkt gelebt haben, sondern wie viele aktiv an der Fortpflanzung beteiligt waren und dabei keine Inzucht betrieben haben. Auf einem Kontinent, der höchstwahrscheinlich sowieso dünn besiedelt war und auf dem sich die verschiedenen Familiengruppen eher selten getroffen haben, dürfte Inzucht jedoch durchaus alltäglich gewesen sein. Unter diesen Voraussetzungen, so rechnet der Paläoanthropologe John Hawks in seinem Blog vor, kann die wahre Zahl der Menschen gut und gerne um den Faktor zehn höher liegen. Und eine Bevölkerung von vielleicht 100 000 steht wahrlich nicht kurz vor dem Aussterben.

Zumal der Mensch schon längst sein Glück auch außerhalb von Afrika gesucht hat.

Auszug aus Afrika – Teil eins

Die Unsicherheiten in der Frage, ob der Mensch einst fast ausgestorben wäre oder nicht, zeigen deutlich, wie lückenhaft unser Wissen über unsere eigene Evolutionsgeschichte noch ist. Zu den wenigen Punkten, bei denen sich nahezu alle Paläoanthropologen einig sind, zählt die sogenannte Out-of-Africa-Theorie, nach welcher sich der Mensch in Afrika entwickelt und von dort aus die ganze Welt besiedelt hat. Dafür spricht einmal die genetische Variabilität, die bei heutigen Afrikanern größer als bei allen Nichtafrikanern ist – was sich am leichtesten erklären lässt, wenn sich der Stammbaum in Afrika über viele Generationen hinweg in Ruhe weit verzweigen konnte. Den wenigen Zweigen darunter, die den Kontinent verlassen haben, fehlte dagegen die Zeit, um sich ähnlich stark zu verästeln. Die vielen unterschiedlichen Menschengruppierungen, die aus ihnen hervorgegangen sind, starteten deshalb mit einer nahezu identischen genetischen Ausstattung. Ausnahmsweise passt diese molekularbiologische Sichtweise sehr gut zu den Funden an Fossilien und Werkzeugen. Nur in Afrika erstrecken sie sich lückenlos über alle Zeitepochen, wogegen die Fundstellen in Asien und Europa große Spannen ohne irgendwelche Relikte aufweisen.

Unsere Urahnen waren folglich mit ziemlicher Sicherheit Afrikaner. Und sie waren recht wanderlustig, denn schon kurz, nachdem die Gattung *Homo* entstanden war, machte sich der Frühmensch auf in die große weite Welt (siehe Abb. 12.1). Sein Weg führte ihn über den Nahen Osten nach Asien und Europa. Der älteste Fossilienfund stammt aus dem georgischen Dmanisi und ist 1,8 Mio. Jahre alt. Vermutlich handelte es sich bei den Besitzern der Schädel und Kieferknochen um Vertreter des noch recht affenähnlichen *Homo habilis* oder eine eigene europäisierte Form, den *Homo georgicus*. Für den Westen des Kontinents sind die ältesten Nachweise für Frühmenschen deutlich jünger. Vor 1,2 Mio. Jahren siedelte im Süden Spaniens der deutlich weiter entwickelte *Homo erectus*. Die Wissenschaftler, die in einer Höhle einen Unterkiefer mitsamt der Zähne sowie eine ganze Schubkarrenladung Steinwerkzeuge geborgen haben, sind so stolz auf diesen ersten Spanier, dass sie ihn

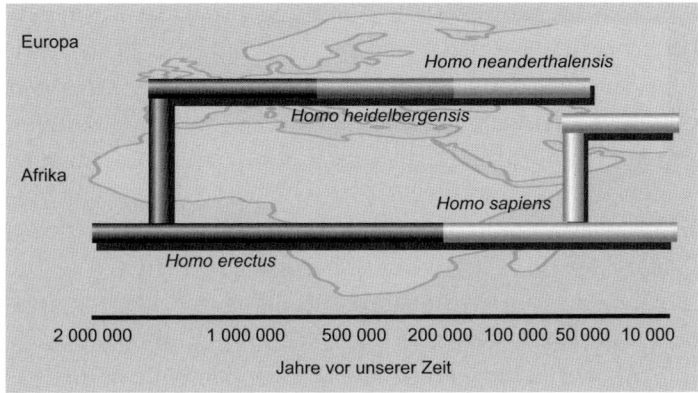

Abb. 12.1   Die Entwicklung des modernen Menschen. Nach der Out-of-Africa-Theorie entstand der Mensch in Afrika und wanderte zweimal – einmal als *Homo erectus* und dann als *Homo sapiens* – erfolgreich aus. Die Linie, die zum Neandertaler führte, erwies sich jedoch als Sackgasse. (© Olaf Fritsche)

gerne als eigene Art – *Homo antecessor*, den „Vorgänger-Menschen" – ansehen, wohingegen andere Paläoanthropologen in ihm eine frühe Form des *Homo erectus* erkennen. Wie auch immer der endgültige Artname eines Tages lauten wird, über die Meerenge von Gibraltar sind diese Frühmenschen wohl kaum nach Europa gelangt. Wahrscheinlicher ist, dass sie entlang der Küstenlinie aus dem Osten kamen. Später folgten sie den Flussläufen in Richtung Norden und breiteten sich im Binnenland aus.

Wir dürfen uns diese frühen Völkerwanderungen allerdings nicht wie gezielte Erkundungstouren im Stile eines Marco Polo oder Christoph Kolumbus vorstellen. Die frühen Hominini folgten vielmehr dem jeweiligen Nahrungsangebot und ließen sich dort nieder, wo es jagdbares Wild,

reife Früchte und frisches Wasser gab. Auf der Suche danach blieben sie manchmal für Generationen in der gleichen Gegend, dann zogen sie nur wenige Kilometer weiter
oder legten längere Strecken zurück. Entscheidend waren
dabei nicht nur der eigene Magen, sondern auch das Klima.
Waren das nordöstliche Afrika und die arabische Halbinsel beispielsweise in guten Zeiten fruchtbar, zogen mehrere
Grüppchen aus Afrika aus. In trockenen Perioden waren
die Steppen und Wüstenabschnitte hingegen unüberwind-
liche Barrieren. Wenn es ganz schlimm kam, schloss die
Dürre sogar bereits ausgesiedelte Gruppen ein und ließ sie
schließlich verhungern und verdursten. Vielerorts enden
die Fossilienfunde daher abrupt – ein Schicksal, das auch in
historischer Zeit immer wieder den ersten Siedlern in einer
neuen Welt drohte.

Über die Jahrtausende betrachtet verließ der Mensch den
afrikanischen Kontinent deshalb in mehreren klimaabhän-
gigen Auswanderungswellen. Und er hatte Glück, wenn er
sich irgendwo dauerhaft halten konnte.

Vom *Homo erectus* zum Neandertaler

Homo erectus hatte anscheinend eine der guten Phasen er-
wischt, um in Europa heimisch zu werden. Weil dieser Teil
der Population nun dauerhaft von seinen afrikanischen
Verwandten getrennt war, entwickelte er sich unabhängig
von ihnen weiter. Er wurde größer und schwerer, das Gehirn nahm an Volumen zu, und er lernte, neue Werkzeuge
zu benutzen. Als *Homo heidelbergensis* beherrschte er von
600 000 bis 200 000 Jahre vor unserer Zeit die europäi-

schen Wälder und Ebenen. Mit Holzspeeren gingen die bis zu 1,75 m großen und 95 kg schweren Kraftpakete auf die Jagd und zerlegten ihre Beute anschließend mit scharfkantigen Steinwerkzeugen. Wo die Werkzeuge nicht weiterhalfen, nahm der *Homo heidelbergensis* auch gerne die Zähne zu Hilfe. Anhand der einseitigen Abnutzungsspuren konnten die Paläoanthropologen bestimmen, dass die meisten Frühmenschen damals bereits Rechtshänder waren. Übermäßig viel Kultur schreiben sie ihnen allerdings nicht zu. In Spanien entdeckten die Forscher am Boden eines höhlenartigen Schachts zahlreiche Knochen, woraus sie schließen, dass *Homo heidelbergensis* seine Toten wohl ohne weitere Umstände in das Erdloch warf.

Seine Nachfahren waren da vermutlich pietätvoller. Um 230 000 bis 200 000 Jahre vor unserer Zeit wurde aus dem *Homo heidelbergensis* der *Homo neanderthalensis* oder kurz: der Neandertaler. Womöglich als Anpassung an die Kaltzeiten, die immer wieder Europa heimsuchten, war er mit 1,60 m Größe etwas kleiner und mit 60 bis 80 kg Gewicht durchaus kompakt gebaut. Wobei die Bewohner des gemäßigten Südens ein wenig schlanker ausfielen (siehe Abb. 12.2). Sie hatten jedoch wie ihre Artgenossen in Mittel- und Osteuropa sowie in den westlichen und zentralen Bereichen Asiens die typischen flachen Schädel, die auffallenden Überaugenwülste und eine breite fleischige Nase, die wohl, wie manche Wissenschaftler vermuten, dem Neandertaler einen ausgeprägt feinen Geruchssinn verlieh.

Insgesamt war der Körper des Neandertalers vollständig auf die Jagd ausgelegt. Seine Beinknochen waren so dick, dass sie doppelt so große Belastungen aushielten wie unsere anatomisch modernen Beine. Den Oberkörper zierten

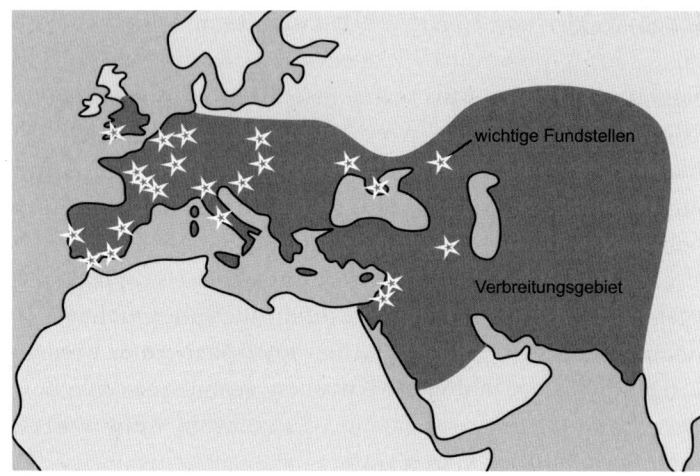

Abb. 12.2 Die Verbreitung des Neandertalers. Von Europa aus, wo er entstanden war, siedelte er bis in den Nahen Osten. Nach Afrika ist der Neandertaler aber nie zurückgekehrt. (© Olaf Fritsche)

äußerst kräftige Rücken- und Brustmuskeln, wie deren Ansatzstellen an den Knochen verraten. Und die hatten die Frühmenschen nicht ohne Grund. Da sie Pfeil und Bogen nicht kannten und ihre Speere besser zum Stechen als zum Werfen taugten, mussten sie ihre Beute im Nahkampf überwältigen. Angesichts eines Speiseplans, auf dem bevorzugt Bison, Mammut und Rentier standen, kein ganz ungefährlicher Job. Dementsprechend viele der Knochen von männlichen Neandertalern zeigen Spuren von Brüchen. Das Dasein in der Alt- und Mittelsteinzeit war offensichtlich nichts für Weicheier.

Kein tumber Höhlenbewohner

Dennoch liegt das Bild vom haarigen Dummkopf, das die Wissenschaft bis weit in das 20. Jahrhundert hinein vom Neandertaler hatte, weit daneben. Der Neandertaler besaß nicht nur das größte Gehirn innerhalb des *Homo*-Stammbaums – er wusste es auch einzusetzen.

Die Jagd verlief beispielsweise bis ins Detail geplant und koordiniert. Je nach Jahreszeit verlegten Neandertalergruppen ihre Lager in Regionen, von denen sie wussten, dass sie gerade dann ausreichend Beute versprachen. Häufig gab es dort Stellen, die für einen Hinterhalt geeignet waren, denn die Männer waren zwar kräftig gebaut, aber keine ausdauernden Läufer. Sie bedienten sich daher natürlicher Barrieren wie Felswänden, Klippen oder Wasserläufen, auf die sie die Tiere zutrieben, um sie dann in diesen Fallen zu erlegen. Anschließend transportierten sie das Wild zu speziellen Orten, an denen sie ihm das Fell abzogen und es zerlegten – gewissermaßen eine urzeitliche Produktionsstraße, die ein hohes Maß an Koordination und Organisation verlangte.

Als Material für Werkzeuge nutzten die Neandertaler vor allem Steine, aus denen sie Messer mit Schneiden auf beiden oder nur einer Seite herstellten. Später versahen sie steinerne Klingen mit Holzgriffen und befestigten Steinspitzen an ihren Speeren. Als Kleber verwendeten sie Birkenpech, das sie zuvor in einem komplizierten Prozess unter Luftabschluss erhitzt hatten. Heutige Experimentalarchäologen hatten eine ganze Weile ihre liebe Not herauszufinden, wie die Neandertaler dabei vorgegangen sind, um mit den gleichen Mitteln einen ähnlich guten Kleber zu kochen. Neben Gegenständen aus Stein und Holz haben Forscher aber auch Geräte aus Knochen und Mammutelfenbein gefunden, mit denen etwa die Felle der erlegten Tiere besonders weich geglättet wurden.

Aus Fellen machten sich die Neandertaler Kleidungsstücke. Obwohl sie vermutlich keine Nadeln besaßen, liefen sie als erste Menschenart nicht nackt herum und dürfen sich daher mit Fug und Recht als die Mütter und Väter aller Modeschöpfer betrachten. Womöglich waren unter ihnen auch die ersten Köche, denn Fleisch war zwar bei den meisten Gruppen das wichtigste Nahrungsmittel, doch gegessen wurde alles, was die Natur zu bieten hatte. Je nach Region gab es somit auch Fisch, Früchte oder Samen. Manchmal wurden die vegetarischen Mahlzeiten vor dem Essen erhitzt, um sie leichter verdaulich zu machen.

Auch wenn wir niemals erfahren werden, wie es um die Tischmanieren der Neandertaler stand, kann es durchaus sein, dass der ein oder andere eine schmackhafte Mahlzeit mit mehr als einem zustimmenden Grunzen gelobt hat. Sowohl ein aufgetauchtes Zungenbein als auch die Analyse seiner Gene deuten darauf hin, dass der *Homo neanderthalensis* bereits sprechen konnte. Vielleicht war er sogar schon eitel auf sein Aussehen bedacht. In Spanien sind rund 45 000 Jahre alte Muschelschalen aufgetaucht, die – natürlich entstandene – Löcher hatten und an den Außenseiten, an denen Farbe besser haftet, mit roten, gelben und orangen Pigmenten bemalt worden waren. Auch wenn es nicht eindeutig bewiesen ist, vermuten viele Wissenschaftler, dass sich die Neandertaler mit bunten Muschelketten ein wenig aufgehübscht haben.

Sie machten sich damit ihr kurzes Leben angenehmer. Nur selten wurde ein Neandertaler älter als 30 Jahre. Schon die Kindheit war gefährlich. Aber in seltenen Fällen erreichte der ein oder andere dennoch ein geradezu biblisches Alter. Der „Alte Mann von La Chapelle-aux-Saints" wurde beispielsweise um die 50 Jahre alt – und hat seiner Familie, die sich um ihn gekümmert hat, sicherlich viele Geschichten aus alten Zeiten erzählt.

Doch auch am Ende eines ereignisreichen Neandertalerlebens wartete unweigerlich der Tod. Vermutlich haben die Angehörigen den Leichnam in der Erde bestattet. Wirklich sicher sind sich die Wissenschaftler darin bislang nicht, da viele der Anzeichen für Beerdigungen auch durch natürliche Ereignisse hervorgerufen worden sein können. So ist es möglich, dass einige der Gräber in Wahrheit nur Gruben waren, die im Laufe der Zeit von Sediment zugeschüttet wurden. Auch die Grabbeigaben, bei denen es sich in der Regel um alltägliche Gebrauchsgegenstände gehandelt hat, könnten zufällig in die Mulde geraten sein. Dennoch würde es besser zu unserem heutigen Bild von der reichen Kultur und Sozialstruktur der Neandertaler passen, wenn sie tatsächlich ihre Toten auf ganz besondere Weise behandelt und betrauert haben.

Auch wenn sie noch nicht ahnen konnten, dass das Ende ihrer ganzen Art bevorstand. Denn in Afrika war bereits jene Menschenart entstanden, die ihnen schließlich Europa und Asien streitig machen sollte.

Die zweite Welle der Einwanderer

Während sich der *Homo erectus* in Europa über den *Homo heidelbergensis* zum Neandertaler wandelte, verlief die Entwicklung in Afrika zu einer anderen Menschenform: dem *Homo sapiens*. Seine frühesten archaischen Formen reichen eine halbe Million Jahre zurück und haben wie so viele andere frühe Menschenarten in Äthiopien gelebt. Die modernere Variante erschien dann vor rund 200 000 bis 100 000 Jahren. Sie war mit rund 1,75 Metern größer als der Neandertaler, führte aber anfangs eine ähnliche Lebensweise. Auch der *Homo sapiens* ging auf die Jagd, sammelte Früchte, Beeren und Samen und fischte in Seen und im Meer. Seine Werkzeuge waren aus Stein und nicht von den Exemplaren seines europäischen Verwandten zu unterscheiden.

Doch das änderte sich. Anscheinend war der *Homo sapiens* experimentierfreudiger als der Neandertaler, denn im Gegensatz zu ihm verbesserte er seine Waffen und Geräte mit der Zeit. Beispielsweise erhitzte er bestimmte Steine und machte sie damit spröder, sodass sie leichter in kleine scharfe Stücke zerbrachen. Mit ihnen bastelte er sich dann Werkzeuge, die aufwändiger gestaltet waren, als es eigentlich notwendig gewesen wäre. Aus einfachen Gebrauchsgegenständen wurden kunstvolle Objekte, die vielleicht die gleiche soziale Funktion hatten wie ein teures Smartphone oder ein schnittiges Cabrio. Und auch die Mode machte große Fortschritte. Mit Lochahlen und Nadeln stieß der *Homo sapiens* die Tür auf zur Welt der maßgeschneiderten Fellkleidung. Schritt für Schritt nutzte der „weise Mensch" die Natur nicht nur, er gestaltete sie nach seinen Vorstellungen.

Diese Fähigkeit verdankte er einem neu strukturierten Gehirn. Es war zwar ein wenig kleiner als beim Neandertaler, dafür waren aber der Parietallappen und der Temporallappen deutlich größer, in denen die Verarbeitung der Sprache und die Hand-Auge-Koordination beziehungsweise das Gedächtnis lokalisiert sind. Für die komplexe Verknüpfung der Nervenzellen nahm sich der *Homo sapiens* ausgesprochen viel Zeit – keine andere Art durchlebt eine so lange Kindheit wie der moderne Mensch.

Und dieses Gehirn erdachte ganz neue Dinge: Um 75 000 Jahre vor unserer Zeit tauchten die ersten geritzten und gemalten Figuren an Höhlenwänden auf. Der Schritt ist vergleichbar mit der Erfindung der Schrift oder des Internets. Statt alles Bildhafte selbst sehen und erleben zu müssen, konnte der *Homo sapiens* Wissen aus seinem Kopf auslagern, es dauerhaft speichern und an andere weitergeben, ohne selbst körperlich anwesend zu sein. Wände, Knochen und vermutlich auch Felle und Rindenstücke wurden zu Informationsspeichern, die sich auch noch ablesen ließen, wenn der Maler längst tot war und seine Erfahrungen nicht mehr persönlich weitergeben konnte. Die Bilder hatten die Macht, Generationen miteinander zu verbinden. Und jede konnte auf dem Wissen ihrer Vorgänger aufbauen.

Seine überlegenen technischen Fähigkeiten demonstrierte der *Homo sapiens* auch bei der Wahl der Route, auf welcher er in mehreren Wellen aus Afrika kommend den Nahen Osten und schließlich Asien, Amerika und Europa eroberte. Anstelle des vermeintlich einfacheren nördlichen Weges über Suez wählte er die südliche Strecke, auf der er die Meerenge von Bab-el-Mandeb überqueren musste, um auf die Arabische Halbinsel zu gelangen. Obwohl der Eingang zum Roten Meer damals wahrscheinlich nur wenige Kilometer breit gewesen ist, musste er dafür dennoch gewusst haben, wie man tragfähige Flöße baut, sie steuert und antreibt. Von Arabien aus verbreitete sich *Homo sapiens* weiter nach Osten in Richtung Indien und nach Norden, zunächst entlang der Küste, später in den Flusstälern nach Norden ins Landesinnere. Wegen des unbeständigen Klimas scheiterten mehrere Anläufe, doch vor 45 000 bis 40 000 Jahre glückte der Sprung schließlich.

Der *Homo sapiens* war endgültig unterwegs – und traf in den neuen Welten auf seine Vorgänger.

Showdown in Europa

Wenn es um das Aufeinandertreffen verschiedener Völker geht, hält die Geschichtsschreibung eine erschreckend lange Liste von Ereignissen bereit, die alle dasselbe zu belegen scheinen: Der Mensch kann mit Seinesgleichen nicht in Frieden leben. Ob wir an die Eroberungszüge der Alten Römer in Europa, die Erschließung der beiden Amerikas oder die vermeintlich endgültige Aufteilung der Welt zu Kolonialzeiten denken … stets ging die Geschichte nicht gut aus für die unterlegenen Völker. Wie muss es dann erst gewesen sein, als zwei unterschiedliche Menschenarten – Neandertaler und *Homo sapiens* – zusammenprallten? Vor allem, da wir sicher wissen, dass der *Homo neanderthalensis* vor rund 30 000 Jahren für immer von der Erde verschwunden ist. Vielleicht als Opfer eines Massakers? Des ersten Völkermords in der Vorgeschichte?

Die Antwort aus den Funden in jenen Gebieten, in denen beide Menschenarten gleichzeitig vorgekommen waren, war angesichts dieser Erwartungshaltung überraschend, aber erfreulich: Die beiden haben sich vertragen. Wo immer Neandertaler und moderner Mensch zu Nachbarn wurden, lebten sie friedlich nebeneinander her. In den mittelmeernahen Gebieten des Nahen Ostens – der Levante, die sich über das heutige Syrien, den Libanon, Israel, Jordanien und die Palästinensergebiete erstreckt – teilten sie sich sogar 60 000 Jahre lang den gleichen Lebensraum, ohne sich gegenseitig die Köpfe einzuschlagen.

Und trotzdem konnte es nur einen geben.

Warum der Neandertaler schließlich doch ausstarb, ist eines der größten Rätsel der Evolution des Menschen. Sicher ist, dass es nicht am kalten Klima der Eiszeit gelegen hat, denn der Neandertaler hatte in den Jahrhunderttausenden seiner Existenz bereits mehrere Kaltperioden überstanden. Außerdem hatte er sich in Europa und Asien auch in die südlichen Regionen ausgebreitet, in die sich keine Gletscher vorwagten. Vielfach lebten sie sogar weiter südlich in Laub- und Nadelwäldern, während der Cro-Magnon-Mensch genannte *Homo sapiens* sich in nördlichen Kaltsteppen und Tundren durchschlug.

Ein möglicher Grund für das Verschwinden des Neandertalers könnte darin liegen, dass es ihm einfach zu voll wurde in der Landschaft. Er war es gewohnt, dass sein Revier kaum besiedelt war und nur wenige Menschen ernähren musste. Daher konnte er es sich Jahrtausende lang leisten, die Ressourcen nur in geringem Maße zu nutzen und es langsam angehen zu lassen. Solange er alleine war, reichte es beispielsweise aus, wenn eine Neandertalerfrau alle vier Jahre ein Kind zur Welt brachte.

Mit dem *Homo sapiens* kamen dagegen Hektik und harte Konkurrenz. Bei ihm lagen nur zwei Jahre zwischen den Geburten, und er beutete seinen Lebensraum mit hoher Intensität aus. Beides zusammen ließ seine Population schnell anwachsen, was zu noch mehr Bedarf an Nahrung und Unterschlupf führte. Wo immer der moderne Mensch auftauchte, nahm der Bestand vieler großer Säugerarten innerhalb weniger Jahrtausende ab. Für den Neandertaler gab es irgendwann nichts mehr zu jagen und kein Rückzugsgebiet. Der *Homo sapiens* hatte ihm schlichtweg die Lebensgrundlage weggegessen.

Vor rund 28 000 Jahre verschwand auf Gibraltar die letzte Gruppe einer der erfolgreichsten Menschenarten aller Zeiten. Zum ersten Mal gab es nur eine einzige Menschenspezies auf der Erde. Wir waren endgültig allein.

Oder war der Neandertaler vielleicht doch nicht völlig verloren?

Mit der Lizenz zum Sequenzieren

Svante Pääbo ist vermutlich der einzige Biologe, der jemals in einer Wissenschaftszeitschrift als altägyptische Mumie gefeiert wurde. Ein Missverständnis, das durch eine Gewebeprobe zustande kam, die sich der schwedische Molekularbiologe in James-Bond-Manier unbemerkt von der Stasi in der DDR besorgt hatte, um zurück an der Universität Uppsala ihre DNA-Sequenz zu bestimmen. Heimlich, denn sein Doktorvater durfte nicht erfahren, dass Pääbo seine Zeit mit solch einem riskanten Projekt vergeudete.

Was sich in der knappen Zusammenfassung wie der Stoff für einen Action-Reißer aus Hollywood liest, ist in Wahrheit die logische Folge davon, dass sich ein Mensch für zwei Wissenschaften gleichzeitig begeisterte. Als Kind hatte Pääbo mit seiner Mutter Urlaub in Ägypten gemacht und sich dort mit dem „Pharaonen-Virus" infiziert, sodass für den unehelichen Sohn einer estnischen Chemikerin und des schwedischen Biochemikers und Nobelpreisträgers Sune Bergström fortan feststand, dass er Archäologe werden und unentdeckte Mumien aufspüren wollte. Voller Elan begann er nach der Schule ein Ägyptologiestudium, nur um festzustellen, dass er auf diesem Wege mehr Zeit in staubigen Bibliotheken verbringen würde als bei spannenden Ausgrabungen im Wüstensand. Auf Anraten seines Vaters wechselte er darum in die Medizin, wo er zum ersten Mal von den damals neuen Methoden zur DNA-Analyse hörte. Augenblicklich war Pääbo klar, dass die Erbsubstanz nicht nur viel über den Menschen von heute verraten konnte, sondern auch die Geheimnisse längst verlorengegangener Zivilisationen in sich barg.

Weil es weder in Schweden noch sonstwo auf der Welt ein Forscherteam gab, das auf diesem Gebiet arbeitete, und sein eigener wissenschaftlich eher konservativer Doktorvater ebenfalls nicht viel von solchen Träumereien hielt, startete Pääbo sein ganz privates Undercover-Unternehmen. Über seinen ehemaligen Professor für Ägyptologie knüpfte er in den 1980er Jahren Kontakt zum Pergamonmuseum in Ost-Berlin und erhielt die Erlaubnis, einige Proben der dort gelagerten Mumien zu entnehmen. In stundenlangen Nachtschichten und an den Wochenenden, wenn er alleine im Labor war, sequenzierte er die DNA einer 2400 Jahre alten Kindermumie und verfasste wissenschaftliche Artikel darüber für die Zeitschrift *Das Altertum* der Ostdeutschen Akademie der Wissenschaften und das britische Wissenschaftsjournal *nature*. Während die DDR-Veröffentlichung lediglich bewirkte, dass die Stasi auf den von ihr bisher unbemerkten Coup aufmerksam wurde und Svante Pääbo weitere Reisen nach Ost-Berlin untersagte, kam der Bericht in *nature* einem wissenschaftlichen Dammbruch gleich. Angeregt durch das Titelthema des Heftes versuchten sich nun überall auf der Welt Forscher an der sogenannten „alten DNA" ausgestorbener Tier- und Menschenarten.

Doch schnell zeigte sich, dass sich die Vergangenheit auf molekularer Ebene nicht so leicht von der Gegenwart unterscheiden lässt. Die Wissenschaftler kämpften mit dem Problem, dass es überall um uns herum von kleinen DNA-Fragmenten unserer eigener Zellen wimmelt. Sie schweben in der Luft, sie kleben an den Skalpellen und in den Probenröhrchen, und sie schwimmen in den Reaktionslösungen. Nur allzu leicht übertönen sie bei der Sequenzierung die alte DNA, die eigentlich analysiert werden sollte. Immer wieder erhielten Forscher daher nach wochenlanger angestrengter Laborarbeit anstelle einer wertvollen historischen DNA-Sequenz schlicht die Abfolge ihres eigenen Erbguts. Und auch Pääbo musste erkennen, dass die vermeintliche Mumien-DNA, die den ganzen Rummel ausgelöst hatte, in Wahrheit seine ganz persönliche DNA gewesen war – James Bond hatte versehentlich sich selbst sequenziert.

Aber davon ließ Pääbo sich nicht entmutigen. Er forschte weiter an der alten DNA und perfektionierte die Analysemethoden. Zunächst an ausgestorbenen Tieren, wie den zebraähnlichen Quaggas, Riesenfaultieren, Beutelwölfen und dem neuseeländischen Riesenvogel Moa. Ihre DNA war leichter von Verunreinigungen durch Menschen-DNA zu unterscheiden. Das eigentliche Ziel seiner Bemühungen blieb jedoch die Vergangenheit des Menschen. Nachdem er einem Ruf als Direktor an das Leipziger Max-Planck-Institut für evolutionäre Anthropologie angenommen hatte, verfügte er endlich über die Möglichkeiten, Proben ganz offiziell und mit den notwendigen Vorsichtsmaßnahmen

einzusammeln. In Schutzanzügen, wie sie sonst die Spuren-
sicherung der Kriminalpolizei bei einem Mordfall trägt, si-
cherten seine Mitarbeiter nicht kontaminiertes Material aus
alten Knochen. Dieses Mal allerdings nicht von Pharaonen
oder Mumien, sondern von sehr viel älteren Skeletten. Dieses Mal wollte Pääbo wissen, ob der Neandertaler wirklich
restlos ausgestorben war.

Sind wir nicht alle ein bisschen Neandertaler?

Zunächst sah es ganz so aus. Pääbos Team analysierte schrittweise die DNA von drei Neandertaler-Frauen aus einer
Höhle in Kroatien, und die ersten Zwischenergebnisse waren eher enttäuschend. Demnach hatten *Homo neanderthalensis* und *Homo sapiens* wohl parallel nebeneinander herge-
lebt und sich gegenseitig ignoriert. Doch je weiter die Forscher ins Detail gingen, desto aufregender wurde das Bild.
   Es zeigt inzwischen einige bedeutungsvolle Unterschiede
zwischen den Genen des Neandertalers und des modernen
Menschen. Sie betreffen beispielsweise die Anatomie des
Kopfes und des Rumpfes sowie die Struktur und Pigmen-
tierung der Haut. Danach war der Neandertaler womöglich
hellhäutig und rothaarig wie ein klischeekonformer Ire –
obwohl auf der grünen Insel bislang überhaupt keine Nean-
dertalerknochen gefunden worden sind. Bedeutsamer sind
jedoch die Abweichungen in Genen, von denen die Beweg-
lichkeit der Spermien abhängt. Sie unterstützen die Hypothese, dass der moderne Mensch vielleicht einfach fruchtba-
rer war als sein ursprünglicher Cousin. Auch das Immun-
system war auf einem anderen Stand. Ihm fehlten einige der

Anpassungen, mit denen sich unsere Körper gegen immer aggressivere Krankheitserreger zu wehren versuchen.

Selbst Hinweise auf einen eventuell einfacheren Intellekt lassen sich in den Sequenzen finden. Mehrere DNA-Abschnitte, die an kognitiven Fähigkeiten beteiligt sind, indem sie etwa die Ausbildung längerer Verknüpfungen zwischen Nervenzellen begünstigen, waren beim Neandertaler anders aufgebaut als beim modernen Menschen. Zwar ist es schwierig, anhand der Gendaten zu sagen, wie sich die Unterschiede beim ganzen Menschen ausgewirkt haben, doch wenn die betreffenden Gene heutzutage von der Norm abweichen, verursacht dies häufig psychiatrische und neurologische Störungen wie beispielsweise Autismus.

Insgesamt waren es nicht einmal 0,3 %, die den Unterschied zwischen einem *Homo neanderthalensis* und einem *Homo sapiens* ausmachten – weniger als die normale Schwankungsbreite innerhalb des *Homo sapiens*. Gut möglich also, dass Svante Pääbo oder Sie oder ich genetisch näher am Neandertaler stehen als zueinander. Bloß an den entscheidenden Merkmalen stimmen die Gene für uns drei überein und grenzen uns vom Frühmenschen ab. Zum Glück für uns.

Allerdings sind nicht alle Gruppen des modernen Menschen gleich nah oder fern mit dem Neandertaler verwandt. Als die Wissenschaftler die DNA-Sequenzen von heute lebenden Mitgliedern verschiedener Kulturkreise untereinander und mit dem Neandertalergenom verglichen, stellten sie fest, dass eine Gruppe aus der Reihe fiel: die heutigen Afrikaner. Zwischen den verschiedenen Volksgruppen südlich der Sahara gibt es deutlich mehr Sequenzunterschiede als beispielsweise zwischen einem Han-Chinesen und einem Neandertaler, obwohl letztere durch tausende Kilometer und noch mehr Jahre voneinander getrennt sind. Der scheinbare Widerspruch ist eine Folge der Wanderbewegungen des *Homo sapiens*, die wir bereits früher in diesem Kapitel besprochen haben. Während sich die Stämme in Afrika munter auseinanderentwickelten, wurde eine kleine und recht gleichförmige Gruppe, die den Kontinent verließ, Gründungssippe für alle anderen Populationen, von Europa über Asien bis Amerika. Dementsprechend sind die Nichtafrikaner – zu denen in dieser Hinsicht auch die Neandertaler gehören – enger miteinander verwandt als die Afrikaner.

Und noch in einem weiteren Punkt sind Afrikaner anders als der Rest der Menschheit: Sie sind kein bisschen Neandertaler. Im Gegensatz zu ihren ersten vorläufigen Ergebnissen kamen Svante Pääbo und seine Mitarbeiter bei einem genaueren Vergleich der vollständigeren DNA-Sequenzen zu dem Schluss, dass der moderne Nicht-Afrikaner doch einen gewissen Anteil Neandertalergene in sich trägt. Zwischen ein und vier Prozent der Frühmenschen-DNA sind es in jedem von uns – ein klarer Beweis für einige folgenreiche Techtelmechtel vor 47 000 bis 65 000 Jahren. Damals haben sich offenbar Neandertalermänner mit *Homo sapiens*-Frauen gepaart und Nachkommen gezeugt, die sich ihrerseits erfolgreich fortpflanzten. Umgekehrt hat es jedoch nicht geklappt. Zumindest fanden die Wissenschaftler in keiner der aktuellen Proben von mt-DNA, die nur mütterlicherseits vererbt wird, Neandertaler-Sequenzen. Also gab es keine Paare in dieser Konstellation, oder die Kinder wuchsen mit den Neandertalern auf – und verschwanden mit ihnen.

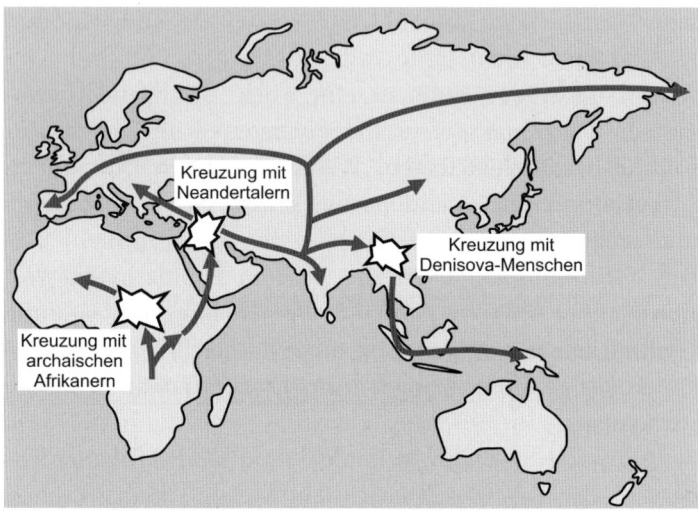

Abb. 12.3 Von Afrika in die ganze Welt. Während sich der *Homo sapiens* ausbreitet, trifft er mehrmals auf andere Menschenformen, mit denen er gemeinsame Nachkommen zeugt, deren Genmaterial bis heute nachweisbar ist. (© Olaf Fritsche)

Obwohl Neandertaler und *Homo sapiens* sich demnach durchaus miteinander kreuzen konnten, blieben Mischlingskinder die Ausnahme. Jenseits des Nahen Ostens kam es überhaupt nicht zu gemeinsamen Nachwuchs. Dafür bandelte der wandernde *Homo sapiens* auf seinem Weg durch Asien mit dem dort bereits lebenden Denisova-Menschen an, und auch die Afrikaner blieben nicht scheu, sondern vermischten sich mit einer derzeit unbekannten ausgestorbenen Menschengruppe (siehe Abb. 12.3). Wer weiß … vielleicht entdecken Paläogenetiker eines Tages noch die Spuren weiterer Populationen, die inzwischen längst verschwunden sind und von denen wir ebenfalls kleine genetische Souvenirs in unserem Erbgut tragen. So gesehen sind wir vielleicht doch nicht ganz die einzige Menschenart, die noch übrig ist auf der Erde.

Glücksfall Nummer zwölf: Wir sind die Besten!

Das Klima hat es dem frisch entstandenen Menschen nicht leicht gemacht, von seiner afrikanischen Wiege aus die Welt zu erobern. Mehrmals verwiesen ihn Kälte und Dürre wieder zurück aufs Startfeld. Von den wenigen Grüppchen, die den Sprung geschafft haben, war nur eine so weit entwickelt, dass sie sich auf Dauer durchsetzen und alle Lebensräume besiedeln konnte: wir. Ohne Konkurrenz konnte sich der *Homo sapiens* ganz nach seinen eigenen Vorstellungen entfalten.

Ob aber Glück alleine ausreicht, damit der Mensch in Zukunft nicht selbst vollbringt, was Meteoriten, Eiszeiten und andere Katastrophen über Milliarden Jahre hinweg nicht geschafft haben …?

Wo Sie mehr erfahren

• Alice Roberts: *Die Anfänge der Menschheit – Vom aufrechten Gang zu den frühen Hochkulturen.* Dorling Kindersley (2012)
  Ein reich bebildertes Buch, das die Entwicklung des Menschen anschaulich macht.

„Hab ich nicht gesagt, dass wir diese Höhlenfuzzis aus dem Neandertal mit einem simplen Formular auf Erteilung einer einstweiligen Verfügungsberechtigung zur Verfahrensoffenle-gung allgemeiner Jagdnutzungsrechtbewilligung im Handumdrehen als Konkurrenten ausschalten?" (© Salome Hunziker)

- Michael Schaper: *Geo Kompakt 4/2005– Die Evolution des Menschen.* Gruner + Jahr (2005)
  Gut lesbare Texte über die Entwicklung des Menschen und das Aussterben der Neandertaler.
- *Spektrum der Wissenschaft Dossier – Die Evolution des Menschen.* Spektrum der Wissenschaft (2004)
  Eine Sammlung von Artikeln zur Menschwerdung.
- http://www.johnhawks.net
  Webblog des Paläoanthropologen John Hawks von der University of Wisconsin in Madison, auf dem er – in englischer Sprache – zahlreiche Fragen um die Evolution des Menschen ausführlich behandelt.

Gestern, heute ... und morgen?

Ein Universum mit einem Überschuss an Materie, aus dem sich ein Sonnensystem mit einem Planeten bilden konnte, auf dem Wasser sowohl fest als auch flüssig und gasförmig vorliegt, sodass eine seltsame Organisationsform entstanden ist, die wir Leben nennen und welche sich trotz reichlich kritischer Situationen zu zweibeinigen Kohlenstoffwesen entwickelt hat, die sich darüber wundern, welch unverschämtes Glück sie doch gehabt haben, dass alles so gekommen ist, wie es gekommen ist ... also, so etwas kann doch kein Zufall sein!

Und wirklich. Es war kein Zufall. Oder wenigstens nicht ausschließlich. Denn es gibt einen guten Grund, warum der Mensch und das Universum so wunderbar zusammenpassen. Es ist der gleiche Grund, aus dem heraus das Leben gelernt hat, den giftigen Sauerstoff für sich zu nutzen, sich nach Meteoriteneinschlägen und Vulkanausbrüchen wieder auszubreiten und von Eis- bis Trockenwüsten selbst die unwirtlichsten Orte auf der Erde zu erobern. Es ist ein ganz einfacher Trick, der keine Überwesen und keine gespaltenen Universen braucht. Er lautet schlicht: Das Beste daraus machen!

Aber das musste nicht zwangsläufig der Mensch sein.

Irgendetwas geht immer

Auch wenn es unser empfindliches Ego kränken mag: Wir waren nie das Ziel der Entwicklung. Nicht, weil wir etwa zu minderwertig, zu gefährlich oder zu skrupellos wären. In Wirklichkeit ist es viel einfacher: Es gab gar kein Ziel. Denn die Natur arbeitet nicht mit Zielen, sondern mit Möglichkeiten. Dinge geschehen nicht wegen eines „Damit", sondern aufgrund eines „Weil". Die Gravitationskonstante hat den Wert von $6{,}673\,848 \times 10^{-11}$ m³/(kg s²) nicht, *damit* sich Sterne und Planeten bilden konnten, sondern die Himmelskörper sind entstanden, *weil* die Schwerkraft der Gasmoleküle und Staubteilchen so groß war, dass sie sich gegenseitig anzogen. Die Moleküle der Ursuppe haben sich nicht zusammengefunden, *damit* das Leben beginnt, sondern die Urzellen fingen an, sich selbst zu erhalten und zu vermehren, *weil* sich ihre Bestandteile automatisch so verhalten haben.

Was immer das Universum vorgegeben hat, wie immer die Werte der physikalischen Konstanten aussehen, wann immer dem Leben der Himmel auf den Kopf gefallen ist … die Natur hat einfach eine Menge herumprobiert und jene Ansätze weiterverfolgt, die sich in der jeweiligen Situation am besten bewährt haben. Weil es nach dem Urknall vier Grundkräfte gab, konstruierte sie damit Atome und Moleküle. Wären es stattdessen drei oder fünf Kräfte gewesen, hätte sie eine andere Lösung gefunden. Vielleicht Atome aus anderen Arten von Elementarteilchen oder fluktuierende Plasmawolken oder gekoppelte Energiefelder oder etwas so Fremdartiges, dass wir uns nicht einmal vorstellen können, wie wir es uns vorzustellen hätten. Wäre Jahrmilliarden später niemals eine Zelle auf die Idee verfallen, die Energie des Sonnenlichts zu nutzen, um Wasser zu spalten und den Sauerstoff einfach in der Gegend zu verteilen, hätte das Leben eine Methode entwickelt, sich mit weniger Energie zu entfalten. Alles würde womöglich langsamer gehen, ein Jahr würde den anaeroben Organismen vorkommen wie uns ein Tag, und vielleicht würden sie lieber an Steinen knabbern, als sich gegenseitig zu jagen. Wären nicht eines Tages die Dinosaurier ausgestorben, hätten sie lernen müssen, sich mit den Kaltzeiten zu arrangieren. Vermutlich hätten sich flinke Echsen mit aktivem Stoffwechsel durchgesetzt und eine technisierte Reptilokratie entwickelt. Schließlich nutzen einige Vogelarten als letzte überlebende Dinosaurier durchaus Werkzeuge wie kleine Stöcke und Kaktusstacheln, wenn sie an einen Leckerbissen wollen.

So oder so – wie Ameisen, die immer einen Weg in den Picknickkorb finden, hätte sich auch die Natur an jede Kombination von Vorgaben angepasst und das Universum mit dem angefüllt, was unter den jeweiligen Bedingungen eben möglich war. Wir haben Glück gehabt, dass letztendlich der Mensch dabei herausgekommen ist.

Glück allein ist nicht genug

Doch Glück allein wird nicht reichen, um uns Menschen sicher in die Zukunft zu bringen. Einfach nur die Welt zu beherrschen, ist keine Garantie dafür, auch morgen noch da zu sein. Die Trilobiten waren eine viertel Milliarde Jahre in allen Weltmeeren zu Hause, die Dinosaurier hatten 150 Mio. Jahre alle Spitzenplätze besetzt, und der Neandertaler war in Europa immerhin über 100 000 Jahre an der

Macht. Dagegen nehmen sich die paar Jahrtausende des zivilisierten Hightech-Menschen recht bescheiden aus. Aber eine Sache ist dieses Mal anders: Wir sind selbst zu unserer größten Bedrohung geworden.

Waren früher schwankende Erdachsen und verschobene Kontinente notwendig, um das Klima zu verändern, pusten wir die globale Erwärmung heutzutage mit unseren Abgasen selbst in die Luft. Gab es Massenaussterben damals nur nach Einschlägen von Riesenmeteoriten oder Ausbrüchen von Megavulkanen, vernichten wir in diesen Zeiten Lebensräume und Ökosysteme mit eigener maschineller Hand. Ungebremst wie ein Krebsgeschwür zerstören wir unsere eigene Lebensgrundlage. Und wir wissen es! Jedem von uns ist klar, dass wir über unsere Verhältnisse leben. Dass die Ressourcen der Erde endlich sind. Dass unsere massiven Eingriffe die Kreisläufe der Natur aus dem Gleichgewicht bringen. Und dass wir selbst ein Teil dieser Natur sind. Trotzdem machen wir weiter, als wären wir genauso ahnungslos wie die Photosynthese treibenden Zellen, die vor 2,5 Mrd. Jahren die Große Sauerstoffkatastrophe ausgelöst und sich beinahe selbst vernichtet haben.

Dieses Mal können wir aber nicht auf Rettung von außen hoffen. Kein Mond wird das Schlimmste von uns abwenden, keine Naturkonstante einen Ausweg eröffnen und kein Meteorit den Bösewicht vernichten. Dieses Mal kommt es darauf an, ob der *Homo sapiens,* oder „weise Mensch", tatsächlich so viel Weisheit in sich trägt, dass er seinen kurzsichtigen Egoismus zügeln und einen tragfähigen Plan für eine nachhaltige Lebensweise nicht nur entwickeln, sondern auch umsetzen kann. Dieses Mal sind wir auf uns allein gestellt.

Die Geschichte der Menschwerdung ist also keineswegs abgeschlossen und die Liste der schicksalhaften Momente längst nicht vollständig. Wir sind mitten drin im dreizehnten Kapitel einer zukünftigen Auflage dieses Buches. Aber dieses Mal ist es alles andere als sicher, dass am Ende des Kapitels ein „Glück gehabt!" stehen wird – und kein bedauerndes „Selbst schuld!"

Und falls es wirklich schief gehen sollte?

Dann bekommt der nächste Kandidat seine Chance. Denn so leicht ist das Leben nicht totzukriegen. Ob nun mit oder ohne Menschen.

Index

Ihr Bonus als Käufer dieses Buches

Als Käufer dieses Buches können Sie kostenlos das eBook zum Buch nutzen. Sie können es dauerhaft in Ihrem persönlichen, digitalen Bücherregal auf springer.com speichern oder auf Ihren PC/Tablet/eReader downloaden.

Gehen Sie dazu bitte wie folgt vor

1. Gehen Sie zur springer.com/shop und suchen Sie das vorliegende Buch (am schnellsten über die Eingabe der ISBN).
2. Legen Sie es in den Warenkorb und klicken Sie dann auf „zum Einkaufwagen/zur Kasse".
3. Geben Sie den unten stehenden Coupon ein. In der Bestellübersicht wird damit das eBook mit 0, - € ausgewiesen, ist also kostenlos für Sie.
4. Gehen Sie weiter zur Kasse und schließen den Vorgang ab.
5. Sie können das eBook nun downloaden und auf einem Gerät Ihrer Wahl lesen. Das eBook bleibt dauerhaft in Ihrem Springer digitalem Bücherregal gespeichert.

Ihr persönlicher Coupon

hJYb2BQF7QzjkSa

Printing: Ten Brink, Meppel, The Netherlands
Binding: Stürtz, Würzburg, Germany